KB146714

낭만 교수가 짚어주는 친환경차 이야기

수소 ^{연료}^{전지} 자동차

FCEV

GoldenBell
www.gbbook.co.kr

PREFACE ^{머리말}

우선 2022년 세종도서 기술과학 분야 교양도서로 선정되었습니다.
어려운 수소자동차를 쉽게 쓴 점을 높이 평가해주신 것 같습니다.
여러분들과 기쁨을 함께 하고 싶습니다.

이제 완연한 가을입니다. 바다가 한창인 광안리에서 버스킹을 하고 글을 쓰며 지내고
있습니다. 낭만적으로 살아가는 여기도 언제부턴가 맑은 하늘을 오래 볼 수 없습니다.
대기오염 때문입니다. 여러분이 사는 곳도 다르지 않습니다. 전 세계적인 문제니까
요. 이에 전 세계는 앞다퉈 친환경 자동차를 도입하고 있습니다.

그중 한국의 수소자동차는 전 세계에서 가장 앞선 기술력을 자랑합니다.
현대자동차 시절 시험 중인 수소자동차(이하 : FCEV)를 보고 충격을 받습니다.
'엔진과 변속기가 없네?' '주행이 가능할까?' '차는 팔릴까?'
20년이 지난 지금. 한국은 600km 주행이 가능한 FCEV를 세상에 내놓습니다.
그리고 저는 이 책을 여러분들 앞에 내놓습니다.

수소에 대해 어떻게 생각하세요?
저는 동네 깡패 형 같습니다. 나를 괴롭히는 힘세고 어디로 튈지 모를 그 형입니다.
수소도 똑같이 폭발력이 어마어마하고 취급이 어렵습니다.

따라서 수소를 저장하고, 전기를 만들고, 모터를 돌리는 전 과정은 복잡합니다. 부품
도 많습니다. 당연히 이해하기 어렵습니다. 지금껏 알고 있는 엔진의 상식을 깨부숩니
다.

예를 하나 들어볼까요?
FCEV의 엔진과 같은 스택은 수소와 산소를 이용해 전기를 만듭니다. 이때 산소를
이온화하기 위해 물이 필요합니다. 그리고 배출되는 것도 결국 물입니다.
이상하지 않나요? 내연기관에서는 물이 냉각수에서만 사용했는데 말입니다.

이러한 과정을 이해하는 것은 어렵습니다. 화학, 전력전자, 통신을 알아야 합니다.

이 책을 쓰며 일본, 미국, 유럽의 관련 도서를 찾아봐도 없었습니다. 있어도 특정 사람을 위한 어려운 책뿐이었습니다.

저는 쉬운 책을 좋아합니다. 쉬워야 이해되고 이해돼야 재미있으니까요.

그래서 아예 배기상태부터 책을 썼습니다. 고등학교 회학책, 대학 진류전자책을, 논문을 분석해 실었습니다. 예전에 제가 썼던 「차내정보통신 CAN사냥」도 넣었습니다.

책의 재미를 주고 싶어 쉬운 문체를 쓰고 농담도 섞어보았습니다.

이 책은 상식적인 부분과 FCEV의 핵심사항을 다뤘습니다.

자동차를 전공하는 대학생과 고등학생, 일반인에게 추천합니다. 더불어 대학에서 저의 강의를 듣는 사랑하는 제자들에게 도움이 되었으면 합니다.

어느덧 해가 저물고 수평선에 내려앉은 어둠 속에서 별들이 와글거립니다.

광안대교의 불빛이 들어오고 유람선이 돌아오고 있습니다.

어둠 속을 나아가는 저 배처럼 이 책이 어려운 FCEV를 배우는 데 작은 도움이 되었으면 합니다. 읽어주셔서 정말 감사합니다.

2022년 가을.
낭만교수 김용현 씀.

CONTENTS ^{차례}

P·A·R·T
01

Basic chemistry

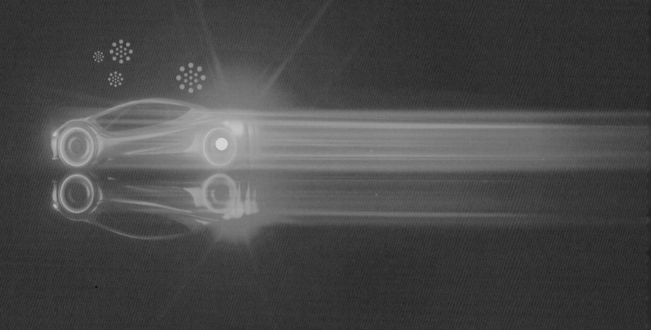

Basic chemistry

원소란 물질을 이루는 기본 성분으로 더 이상 분해되지 않으며, 원자는 물질을 구성하는 기본입자이다. 이렇게 설명하면 도대체 무슨 소리를 하는지 모르겠다. 그게 그것 같고 한창 바라봐도 답답하다. 그래서 준비했다.

여기 과일 가게가 있다. 어머니께서 과일 바구니에 다음과 같이 배 3개, 사과 2개 복숭아 1개를 사서 담았다.

그림 1 과일 바구니

이제 여러분께 묻겠다.

과일의 종류는 몇 개인가? 뭘 그런 것을 묻냐고 따지면 앞으로 곤란해진다. 그래 3종류다.

그럼 과일의 개수는 얼마인가? 어허! 이 양반이 누굴 가지고 노나? 생각하면 또 곤란하다. 그래 6개다. 여기서 과일의 **종류**는 **원소**이고 과일의 **개수**는 **원자**이다.

원소는 종류의 개념으로써 추상적이고 셀 수가 없다. 누가 여기서 시비를 걸 수 있다. 3종류는 센 게 아니고 뭣인가? 맞는 말처럼 들린다. 그러나 틀렸다. 종류란 분류로서 '3가지로 분류할 수 있다'라는 의미인 것이지 엄연히 따지면 센[counting] 것이 아니다.

그렇다면 분류의 기준은 무엇인가?

맞다. 과일 각각의 특징을 중심으로 나눈 것이다. 배, 사과, 복숭아가 가지는 각각의 성질을 중심으로 나눈 것이다. 만약 배를 3천만 조각내었다고 하자. 거의 무시할 수 있을 정도로 보이지도 않는 티끌이 돼 있을 것이다. 그러한 티끌도 결국은 '배'이다. 아무리 쪼갰어도 '배'는 '배'이다. 따라서 원소의 개념은 '배'라는 성질을 가지는 더 이상 분해되지 않는 물질을 이루는 기본 성분이다.

자, 그렇다면 과일의 총 개수와 같은 원자의 개념은 어떻게 되는가? 바구니에는 '과일'이 담겨있다. 따라서 '저 바구니에 과일이 몇 개 있는가?'라는 질문은 결국 바구니 속 과일을 구성하는 각각의 객체들이라고 할 수 있고 셀 수도 있다.

다시 정리해 보면 원소는 종류(성격)로써 각각을 셀 수 없고, 원자는 실제로 존재하는 입자이기 때문에 개수를 셀 수 있다.

여기까지 이해를 했다면 아래의 H_2O를 보고 다음 물음에 답해보자.

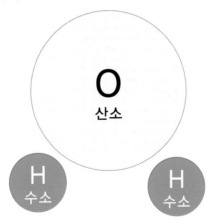

그림 2 수소 & 산소의 원소와 원자

몇 종류의 원소가 있는가? 몇 개의 원자가 있는가? 그렇다. 산소라는 성분과 수소라는 성분 2종류의 원소가 있고 3개의 원자가 있는 것이다. 이 문제를 맞혔다면 당신은 이제 원소와 원자의 개념을 정확히 이해하고 있는 것이다.

2 원소와 원자의 특징

1																	18
H																	He
Li	Be											13	14	15	16	17	
												B	C	N	O	F	Ne
Na	Mg	3	4	5	6	7	8	9	10	11	12	Al	Si	P	S	Cl	Ar
K	Ca	Sc	Ti	V	Cr	Mn	Fe	Co	Ni	Cu	Zn	Ga	Ge	As	Se	Br	Kr
Rb	Sr	Y	Zr	Nb	Mo	Tc	Ru	Rh	Pd	Ag	Cd	In	Sn	Sb	Te	I	Xe
Cs	Ba	Lu	Hf	Ta	W	Re	Os	Ir	Pt	Au	Hg	Tl	Pb	Bi	Po	At	Rn
Fr	Ra	Lr	Rf	Db	Sg	Bh	Hs	Mt	Ds	Rg	Cn	Uut	Fl	Uup	Lv	Uus	Uuo

La	Ce	Pr	Nd	Pm	Sm	Eu	Gd	Tb	Dy	Ho	Er	Tm	Yb
Ac	Th	Pa	U	Np	Pu	Am	Cm	Bk	Cf	Es	Fm	Md	No

그림 3 원소 주기율표

위의 표는 원소주기율표이다. 왜 주기율표에다가 원소라는 이름을 넣었을까? 앞에 내용을 이해했다면 금방 알아차렸을 것이다. 그렇다. 원소는 성질이라고 했다. 즉 일정한 성질을 가진 성분들끼리 모아서 표에다가 배치한 것이고 각각 번호를 매겨놓았다. 우리가 앞으로 배우게 될 수소전기자동차에서 수소는 주기율표상 제일 상단에 표시되어 있으며 번호가 1번이다.

수소 원자를 보자.

그림 4는 수소 원자를 나타낸 것으로써 **원자핵**과 그 주위를 회전하고 있는 **전자**로 구성되어 있다. 여기서 원자핵은 양성자와 중성자가 섞여있다. 중성자야 말 그대로 중성인 성분이고 여기에 양성자가 혼합되면 원자핵은 전체적으로 보았을 때 전기적으로는 (+)전하를 띠는 것은 당연한 일이다. 즉, 원자핵은 (+)전하이고 이 주위를 (-)전자가 회전하고 있다. 여기서 중요한 것은 원자핵의 (+)전하량과 전자의 (-)전하량의 개수가 같다는 것이다. 수소를 예를 든다면 (+)전하량이 1개, (-)전하량 역시 1개이다.

그렇다면 **전기적 성질**은?

그렇다. **중성**이다. 즉 모든 원자의 양성자와 전자의 수는 동일하므로 중성이다. 또한 여기서 주기율표와 연관성을 알 수 있는데 수소의 경우 주기율표 상의 번호가 1이기에 원자핵이 1개, 전자도 1개라고 볼 수 있다. 따라서 주기율표에서의 원소 각각의 번호를 알면 양성자와 전자의 개수를 알 수 있다.

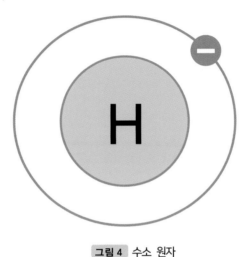

그림 4 수소 원자

●●● 수소충전소 알기 1

수소충전소가 수소를 공급받는 방식은 크게 두 가지가 있다.

첫째 **현지생산방식** 또는 **일체형(On-site)방법**으로 천연가스나 도시가스 등을 활용한 개질 설비를 충전소 내에 설치하여 차량에 연료를 공급하는 방식이다.

이 경우는 수소를 제조할 수 있는 설비가 충전소에 내장되었다고 볼 수 있다.

설치 비용은 50억 가량 발생하며 수소 운송이 필요 없으나 투자비용이 높은 단점이 있다.

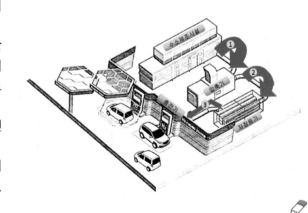

③ 이 온

원자는 원자핵과 주위를 도는 전자로 되어있다. 여기서 원자핵이 질량의 99.999%이고 나머지가 전자의 질량이다. 즉 전자는 가벼워도 너무 가볍다. 따라서 외부 자극에 의해서 쉽게 이탈하여 떨어져 나간다. 그럼 떨어져만 나가겠는가? 그렇지. 다른 원자의 전자 궤도로 달라붙을 수도 있다. 또한 이와 반대 현상도 일어난다. 이렇게 전자를 주고받은 것을 **이온**이라고 한다.

아래의 그림을 보자.

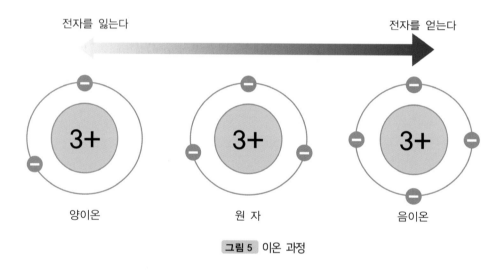

그림 5 이온 과정

중성을 이루고 있는 원자가 전자를 잃게 되면 양전하를 띠는 원자핵이 총량에서 크기 때문에 양이온이 된다. 이와는 반대로 전자를 얻게 되면 음전하를 띠는 전자의 총량이 크기 때문에 음이온이 된다.

이를 기호로 표시하면 어떻게 될까?

수소이온을 예를 들어보자. 수소이온을 쓸 때는 아래와 같다. 수소이온의 우측에 붙어있는 기호는 전자를 잃어 양이온이 되었다는 표시이며 이때 플러스 기호 (+) 앞에는 잃어버린 전자의 개수를 쓴다. 즉 수소이온은 양이온으로써 전자를 1개 잃어버린 것이다.

그림 6 수소이온

우리가 흔히 아는 전기자동차 배터리의 한 성분인 리튬도 양이온으로써 전자를 1개 잃어버린 것이다.

그림 7 리튬 이온

또한 염화이온을 통해 음이온의 표현을 살펴보면 아래와 같다.

그림 8 염화이온

양이온에서의 표현 방법과 동일하게 전자를 1개 얻어 음이온이 되었음을 말해주고 있다.

4 분자와 분자식

그렇다면 분자는 무엇일까? 앞서 설명한 대로 **원소**는 어떠한 물질의 성질이고 원자는 이러한 성질을 가진 물질을 구성하는 기본입자이다. 결론부터 말하면 **분자**는 원자끼리 결합해 놓은 것이다. 중요한 것은 원자와 원자가 만나 분자가 되었을 때 새로운 성질이 만들어진다는 것이다.

예를 들어보자. 아래의 그림처럼 산소 원자 1개와 수소 원자 2개가 있다.

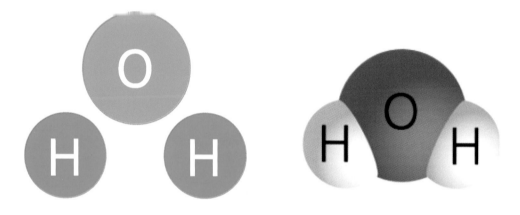

그림 9 산소와 수소 원자

이 원자가 우측의 그림처럼 서로 만난다면? 여러분들도 다 잘 아시는 물 분자가 되는 것이다. '아이~~ 뭐 그건 다 알고 있다고요!!' 라고 주장할 수 있으나, 이 책을 보기 전 당신은 물이 원자인지 분자인지 구분 할 수 있었는가? 그렇지 않다면 이 책을 계속 보시되 시키는 대로 그저 쫓아오시고 그렇지 않다면 얼른 이 책을 덮고 서점에서 일어나 조금 더 수준 높은 책을 구매하시기 바란다.

하여튼 서로 다른 원자인 수소와 산소가 만나 새로운 물질인 물이 탄생한 것이다. 여기서 분자의 성질을 알 수 있는데 수소와 산소 원자는 물이 가지는 성질이 전혀 없다는 것이다. 하지만 이 두 원자가 만나면 완전히 새로운 '물'이라는 것이 탄생하게 된다. 드디어 우리가 손으로 만지고 눈으로 볼 수 있는 바로 그 '물'이라는 것. 압력과 온도에 따라 수증기인 기체도 되었다가 얼음인 고체로도 바뀌는 그 '물'이 바로 분자인 것이다.

16

그렇다면 이 분자를 표현하는 분자식을 알아보자. 분자식은 분자를 이루는 각 원자의 종류와 개수를 원소기호와 숫자로 나타낸 식이다. 뭐 좀 복잡하긴 한데…….

이렇게 생각해보자 분자식이란 앞서 설명한 과일바구니를 한 단어로 설명한 것이다.

즉, 과일바구니 속에 들어 있는 사과의 성질, 배의 성질, 복숭아의 성질과 각각의 개수를 한 단어로 설명하는 실로 놀랍고도 경제적이며 아싸리한 방법이라고 보면 되겠다.

자아 그렇다면 아래의 바구니를 다시 보기 바란다. 그전에는 바구니에 과일이 담겨있었지만 설명을 위해 필자가 다 먹어 치우고 여기에 원자를 담았다. 불만 있으면 우리 집으로 오시기 바란다. 양손에는 선물을 가득 들고~ ^^ 자아 시끄럽고 다시 아래의 바구니를 보기 바란다.

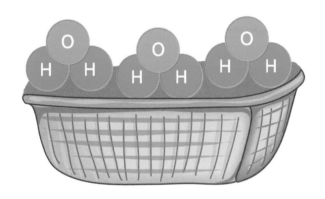

그림 10 물 분자

여기서 바구니 속을 들여다보면 다음과 같이 설명이 가능하다.

물 분자의 개수는 총 3개이다. 수소 원소와 산소 원소 2종류로 되어 있다. 또한 1개의 물 분자의 속을 들여다보면 수소 원자 2개와 산소원자 1개로 구성되어 있다.

그렇다면 이를 분자식으로 쓰면 다음과 같이 나타낼 수 있다.

$$3H_2O$$

그림 11 분자식

이를 자세히 보면 아래와 같다.

물 분자 1개를 나타냄

그림 12 분자식

위의 분자식 맨 앞에 있는 숫자 '3'은 물 분자의 개수를 말한다. 작은 상자 안에 있는 내용은 물 분자 1개의 정보를 담고 있다. 즉 H 다음의 아래 첨자 2는 수소 원자의 개수가 2개라는 것을, O다음에 아래첨자가 없는 것은 산소원자의 개수가 1개라는 것을 나타내는 것이다.

그렇다면 과일바구니에 담겨있는 전체 수소 원자의 개수는 6개(2개×3), 산소 원자의 개수는 3개(1개×3)이다.

궤도법칙과 전자의 이동

다시 원자로 돌아오자. 모든 원자의 주위에는 전자가 회전하고 있다고 했다. 수소는 1개의 전자가 산소는 8개의 전자가 당신이 이 책을 보고 있는 지금도 열심히 돌고 있다. 수소의 전자 개수는 앞에서 언급했다시피 주기율표상 1번이기 때문에 그런 것이고 산소 역시 전자의 개수가 8개인 이유는 주기율표상 8번이기 때문에 그렇다.

언급하지 않고 넘어가려 했으나 세세한 부분까지 신경 써준다. 모든 원자는 원자 주위를 돌고 있는 전자를 가지고 있다. 산소는 1개, 수소는 2개이다. 이러한 원소가 분자 상태가 되면 산소는 16개, 수소는 2개이다.

그런데 원자의 주위를 돌고 있는 전자의 개수는 원자의 안정성에 중대한 영향을 미친다. 일정한 법칙을 따르는데 이 전자는 원자핵을 둘러싼 궤도에 일정한 개수만 들어가게 되어 있고 이는 $(2 \times (궤도 수)^2)$의 규칙대로 채워져야 안정된 상태가 된다.

즉, 첫 번째 궤도는 전자의 개수가 2개 $(2 \times (1)^2)$, 두 번째 궤도는 전자의 개수가 8개 $(2 \times (2)^2)$, 세 번째 궤도는 전자의 개수가 18개 $(2 \times (3)^2)$를 채워야 안정된 상태가 된다.

다시 말해 이 규칙에 의거 아래의 그림처럼 전자의 개수를 채우게 되면 원자는 안정화 상태가 된다. 안정화 상태가 되면 배고픔과 추위도 못 느끼고 말 그대로 등 따숩고 졸립고 그렇다. 어머니가 나가 일하라고 등짝을 스매싱해도 거들떠보지도 않고 계속 잔다. 원자도 그렇다. 주위에 돌고 있는 전자들 역시 불효자처럼 이동하지 않으려 하고 현 상태를 유지하려고 한다. 다시 말해 이온이 되려고 하지 않는다.

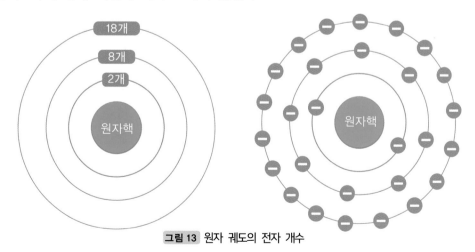

그림 13 원자 궤도의 전자 개수

그런데 안정화되지 않은 전자의 개수가 존재하는 원자의 경우는 어떠할까?

그림 14는 수소의 원자를 그림 15는 수소 분자를 나타내었다.

수소 원자는 전자의 개수가 총 1개이기 때문에 첫 번째 궤도에 들어가게 된다. 하지만 최외각 전자가 2개가 들어가야 안정된 상태가 유지되기 때문에 불안정한 상태가 되고 어디선가 전자 1개를 받고 안정화가 되려는 강한 욕망이 있다. 그러 가련하고 불쌍하고 춥고 외로운 수소 원자는 본능적으로 다른 수소가 가지고 있는 전자 1개를 어떻게든 뺏어오려고 작심한다.

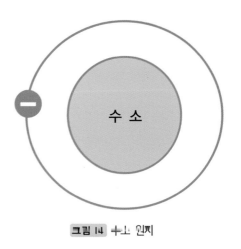

그림 14 수소 인자

그러나 다른 수소가 순순히 본인의 전자를 내놓겠는가? 다른 수소도 마찬가지로 전자가 1개밖에 없는데, 본인 살기도 바빠 죽겠는데, 그래서 이 두 수소는 이심전심 차원에서 각자가 가지고 있는 수소를 서로 공유하게 된다.

그렇다. 서로의 전자를 공동으로 결합시켜 결국은 첫째 궤도에 2개의 전자를 배치함으로써 안정화 욕구를 충족시키게 된다. 재미있는 것은 전자의 개수는 더하나 어쩌나 똑같은데 수소는 스스로 전자가 2개 있다고 믿게 되는 것이다.

역시나 과부 마음은 과부가 안다고 불안한 둘이서 이심전심 살게 되는데 이렇게 전자를 서로 공유하는 것을 **공유결합**이라고 한다.

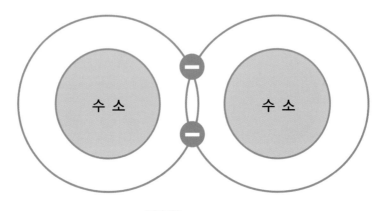

그림 15 수소 분자

아래 산소 원자를 보자.

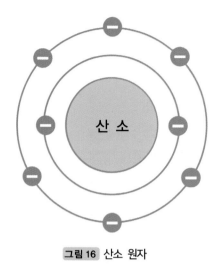

그림 16 산소 원자

산소 원자는 앞서 언급한대로 불안정된 상태다. 총 8개의 전자를 가지고 있기 때문에 첫 번째 궤도가 2개, 두 번째 궤도는 6개가 채워진다. 두 번째 궤도가 8개를 채워져야 하기 때문에 전자 2개가 모자란다.

불안정한 이유다. 따라서 어디선가 놀고 있는 산소 원자의 2번째 궤도(최외각 전자)의 2개의 전자를 구애하고 있다. 수소에게 배운 건 있어 가지고 산소 원자도 공유결합을 시도한다. 그림 17처럼 채워야 할 최외각 전자가 2개이기 때문에 자신의 전자 2개를 내어놓고 상대방이 내놓은 2개의 전자를 공유하게 된다.

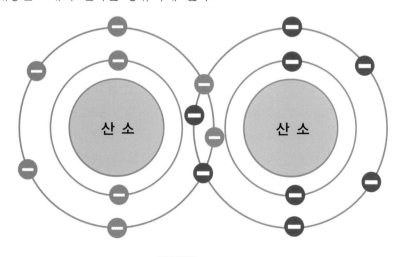

그림 17 산소분자

그렇다면 만약 수소와 산소 분자를 어떠한 장치에 넣고 화학적으로 결합시킨다면 어떻게 될까?

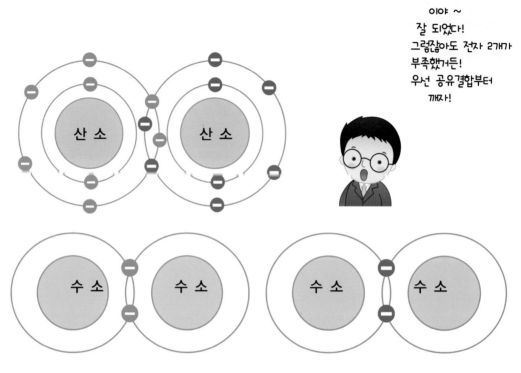

그림 18 공유결합을 깨고 전자 이동

그림 18처럼 분자 형태로 존재하던 산소는 그림 19와 같이 자신의 공유결합을 깨서 원자단위로 전환한다. 이후 마지막 궤도에 모자란 2개의 전자를 채워 넣기 위해 수소분자와 공유결합하여 수소가 가지고 있는 전자 2개를 어떻게 서든 채워 넣어 그림 19와 같이 그 목표를 달성한다.

이때 전자의 이동이 발생하고 결국은 전기가 만들어지는 것이다. 수소전기자동차는 연료전지 스택이라는 공간 내에서 이러한 수소분자와 산소분자간의 결합 시에 발생하는 전자이동을 통해 전기를 생산해내고 최종적으로는 물(H_2O)을 배출하게 된다.

이후 언급하겠지만 수소전기자동차가 궁극의 친환경자동차라는 의미는 여기에 있다. 스택에서 필요한 산소는 외부 공기로부터 받아들이는데 요즘과 같은 미세먼지와 오염이 심한 공기를 무작정 받아들이게 되면 스택 내부가 망가지기 쉽다. 따라서 수소전기자동차의 공기

공급 시스템에서는 이러한 오염된 공기를 철저히 걸러주어 스택에 유입하게 된다. 이후 전기 생산과 함께 배출되는 것은 생성수(물)이기에 투입은 오염된 공기, 배출은 물로 정리되어 궁극의 친환경 자동차라 부르는 이유다.

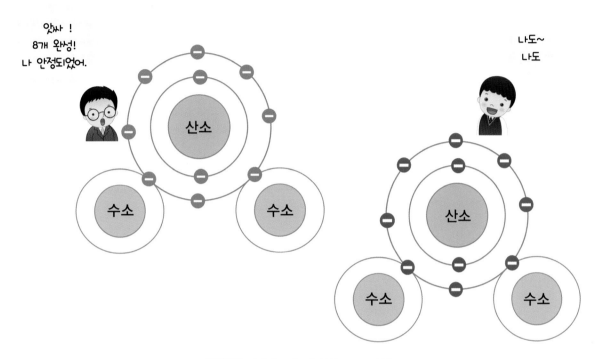

그림 19 전자이동 후 안정화(H_2O로 전환)

불타는 전기자동차

경향신문

1967년 아폴로 11호가 불타며 우주인 3명이 목숨을 잃었다. 원인은 사소했다. 불이 나면 문을 열고 나가야 하는데 해치가 밖으로 쉽게 열리는 구조가 아니었기에 비극적인 상황을 맞이한 것이다. 최근 전기자동차가 잇따라 불타고 있다. 해당 업체는 리콜을 통해 소프트웨어 업그레이드 및 점검 후 배터리 교체를 진행한다고 밝혔다. 진단 후 문제가 있는 배터리만 교체하겠다는 것이다. 사실 운전자라면 공감할 테지만 차량이 고장 나 막상 정비소에 가면 대부분 현상 재현이 잘 안 된다. 결국 배터리를 교체받는 차량 수는 적을 수밖에 없다.

업그레이드 부분도 탐탁지 않다. 문제 발생 시 화재 발생을 우려해 충전과 시동을 금지한다는 것인데 원인 해결이 아닌 결과에 따른 땜질 처방이다. 안타까운 것은 3년이라는 긴 시간 동안 단일 차종, 단일 제조사의 배터리를 사용하고, 대부분 충전 후에 화재 발생 등 사고의 범위가 좁혀지는데도 아직까지 원인을 못 찾고 있다는 점이다.

정부와 해당 업체는 작년 여름 발생한 BMW 화재 사건을 반면교사로 삼아야 한다. 자동차산업 특성상 부품 하나의 불량은 다수의 화재로 연결된다. 한반도 폭염이 거세지는 상황에서 내년 여름 전까지는 명확한 원인 규명과 대처방안을 내놓아야 한다.

정부는 기업의 의사결정 속도와 원인 분석에 대한 미온적인 태도를 감찰하고 이를 시정하도록 해야 한다. 자동차와 배터리 제조사는 빠른 시간 내 원인 규명에 총력을 다해야 한다. 또한 소비자의 안전을 위한 조치를 선행해야 한다.

한국은 전기자동차와 배터리 제조 시장에서 세계 정상급이다. 이와 같은 불명예스러운 원인을 제때 해결하지 못하면, 언제든지 시장에서 추락할 수 있다. 과거 소련이 우주여행에서 기술적으로 더 앞섰지만, 정작 미국이 달 착륙에 먼저 성공한 이유는 기술적 결함 원인을 찾는 데 총력을 다했기 때문이다.

막 피어나는 한국의 전기자동차산업이 작금의 위기를 기회로 헤쳐나갈 수 있도록 정부와 제조사의 책임있는 행동을 촉구한다.

연료 및 전지 시스템

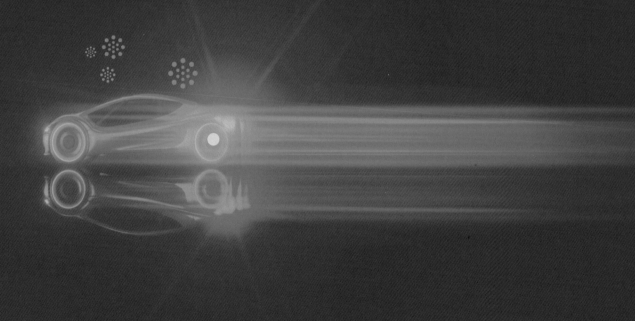

연료 및 전지 시스템

BOP Balance of Plant

우리가 지금껏 알고 있었던 엔진이 작동하기 위해서는 크게 **공기**, **연료**, **점화** 3가지 시스템이 정상적으로 움직여야 했다. 이 요소가 실린더에 유입 후 적절한 타이밍으로 폭발되어 만들어진 에너지로 바퀴를 굴리는 방식이었다.

수소전기자동차 역시 동력을 만들어내는데 크게 3가지로 나눌 수 있는데 **공기공급 시스템**, **수소공급시스템**, **열관리 시스템**이다. 기존 엔진이 연소에너지를 얻는 것이 목적이었다면 수소전기자동차는 전력을 잘 생산하는 것이 목적이라 할 수 있다.

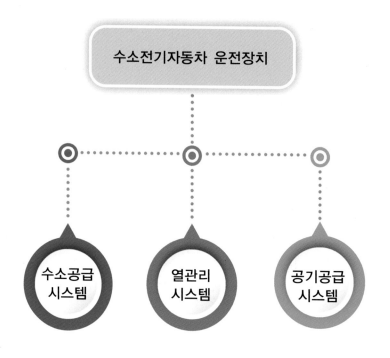

그림 1 수소전기자동차 운전시스템(BOP; Balance of Plant) 분류

이 3가지를 통합하여 BOP(Balance of Plant)라고 한다. 동력을 만들어내는 스택 내부에서는 산소와 수소가 만나 전기가 만들어지며 추가로 '열'도 발생하는데 이놈을 그대로 놔두면 내부의 장치를 파괴할 정도로 올라가게 된다. 또한 앞서 언급한 '물'을 배출하게 되는데 한반도에 찾아오는 어김없는 영하의 날씨가 되면 어쩌겠는가. 당연히 자연의 법칙에 의해 스택 내부는 얼어버리게 되고 결국 전기 생산은 불가능하게 된다. 따라서 높은 온도는 내려주고 낮은 온도는 끌어 올려주는 장치인 열관리 시스템이 필요하게 되고 이를 통해 안정적인 전력 생산이 가능하게 된다.

　이 각각의 시스템은 스택 내부에서 전기를 안정적으로 만들기 위해 상호 협력하는 역할을 한다고 볼 수 있다. 즉 내연기관에서 최상의 출력을 내기 위한 목적과 같다.

　공기공급시스템(APS; Air Processing System)은 외부의 공기를 압축하고 냉각시켜 스택에 공급하는 장치이다. 내연기관에서도 예전부터 공기의 밀도를 높일 수 있을까 고민을 했고 압축과 냉각을 위해 터보를 통해 공기를 압력을 높이고 인터쿨러를 통해 공기의 온도를 낮추어 밀도를 향상시키는 여러 방법을 연구했다.

　수소전기자동차 역시 마찬가지다. 공기 속에 포함된 산소의 양이 많을수록 전기를 풍부하게 생산할 수 있기 때문에 공기의 밀도를 높이는 게 중요하다. 이에 따라 공기를 압축하게 되는데 BPCU(Blower Pump control Unit)는 공기압축기를 제어하여 앞서 언급한 공기의 압축 정도를 조절한다. 한편 이 과정에서 발생하는 열을 그대로 두면 밀도는 다시 낮아진다. 따라서 압축된 공기에 냉각은 필수다.

　수소공급시스템(FPS; Fuel Processing System)는 충전탱크의 수소 연료를 적합한 압력으로 전환하여 스택까지 전송한다. 수소탱크 내의 연료 압력은 약 700bar로써 이를 그대로 스택으로 보내면 너무 압력이 높아 폭발의 위험이 발생하고 스택의 생명이 단축된다. 따라서 1 ~ 2bar로 감압하여 공급한다.

　열관리 시스템(TMS; Thermal Management System)는 스택 내부에서 전기를 생산해내는 과정에서 발생하는 열을 냉각하고 냉간 시에 스택 내부의 온도를 올려 일정한 온도로 스택을 유지하는 장치이다.

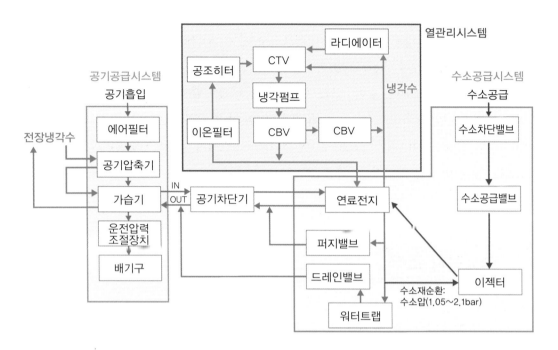

그림 2 수소전기자동차 운전시스템

각 시스템은 앞서 언급한 대로 3가지로 분류가 가능하지만 위의 그림과 같이 연료전지를 중심으로 각 라인이 부분적으로 연결되어 있다.

수소공급시스템은 공기공급시스템과 연결되어 스택 내부로 유입되는 수소연료와 산소 반응 후 발생하는 물을 배출하는 역할도 한다. 내연기관에서는 서모스탯이 냉간 시와 열간 시 열리고 닫혀 엔진 내부로 유입되는 냉각수를 조절했고 결국은 엔진의 온도를 제어하는 역할을 하였다.

수소전기자동차의 열관리 시스템은 과열된 스택을 냉각하는 역할과 냉간 시동 시 냉각수의 온도를 상승시키는 기능을 담당하는데 이 모든 것은 내부의 냉각수 통로를 조절하는 밸브 CTV(Coolant Temperature Control Valve), CBV(Coolant Bypass Valve)의 제어로 가능하게 된다.

이외에도 고전압 부품(인버터, 구동 모터, 공기공급시스템) 역시 전장 냉각수를 이용하여 냉각을 한다. 중요한 것은 스택을 냉각할 때와 고전압 부품을 냉각할 때 사용하는 냉각수의 종류가 다르다는 점을 명심해야 한다.

한편 수소전기자동차는 수소에너지에서 생성되는 전력을 변환하고 궁극에는 바퀴를 굴려

주기까지 부분적으로 많은 ECU(Electronic Control Unit)들이 관여하게 되는데 이를 총괄하는 FCU(Fuel Control Unit)가 있다. 이는 최상의 컨트롤러이며 연료전지와 관련된 모든 구동 명령 신호를 내보낸다. 또한 스택으로부터 생산된 전기를 모터를 통해 바퀴까지 전달하기까지는 전력의 변환과정이 필요하며 여기에 관여되는 각종의 부품들은 전기자동차에 사용되었던 LDC(Low Voltage DC-DC Converter), Inverter, BMS(Battery Management System) 등과 동일한 기능으로 사용된다.

2 연료전지 스택

스택을 통해 전기를 생산해낸다. 앞서 언급한 수소와 산소를 집어넣은 그 특별한 장치이다. 스택 내에서 전기를 만드는 최소한의 부품을 셀이라고 한다. 이 셀은 일반 배터리를 구성하는 기본 단위임을 모두들 알 것이다. 전기를 만들어내는 과정은 원자가 가지고 있는 전자가 분리되어 이동하는 것이다. 전자를 잃거나 얻는 것은 이온이 되는 과정이라고 앞서 말했다. 따라서 셀이 하는 일은 원자에서 전자를 분리시켜 전기를 만들어 내게 하고 이온을 다른 경로로 움직이게 하는 것이다.

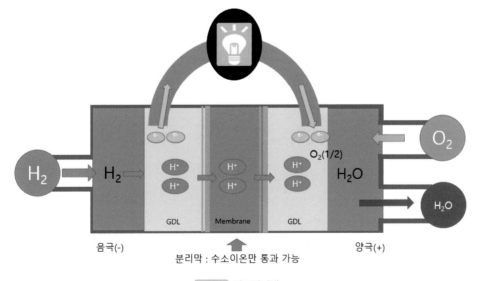

그림 3 연료전지셀

여기서 화학식을 분석해보자.

우선 수소극은 다음과 같다.

$$H_2 \longrightarrow 2H^+ + 2e^-$$

위의 식은 수소 원자 2개가 전자를 각각 잃어버려 양이온이 되는 것을 보여 주고 있다. 실제 스택 내부에서는 수소 원자 2개가 애노드 분리판에 부딪히면 전자가 튀어나오게 된다. 따라서 수소 원자는 전자를 잃게 되고 2개의 양이온과 2개의 전자로 분리되는 것을 나타낸다. 한편 산소극은 아래와 같은데 둘로 쪼개진 산소 원자가 수소 양이온과 전자를 만나 물이 되는 과정을 나타내고 있다.

$$1/2O_2 + 2H^+ + 2e^- \longrightarrow H_2O$$

실제 스택 내 산소극의 경우 수소 양이온 2개가 고분자전해질막을 지나 GDL(Gas Diffusion Layer)로 도착하게 되고, 전구의 불을 밝힌 전자 2개와 만나 처음 주입되었던 수소 원자인 H_2 형태로 전환된다. 여기에 산소분자 O_2가 공급되게 되면 전자 간 안정화 결합 때문에 O_2가 둘로 나누어져 O가 되어 H_2와 결합하여 H_2O가 되고 배출된다. 결국 전기가 생산되고 물이 배출된다.

1 스택 내의 주요 부품

1) 막-극 접합체(MEA; Membrane Electrode Assembly)

MEA는 음극과 양극 사이에 이온이 움직이는 통로이다. 그림 3에서 양성자(H^+)만 통과할 수 있는 Membrane과 두 촉매층(수소극, 산소극)으로 구성되어 있다. 결국 전자의 이동이 가능하게 만든 부품, 다시 말해 전기를 만들어내는 스택의 가장 핵심 부품이라고 할 수 있다.

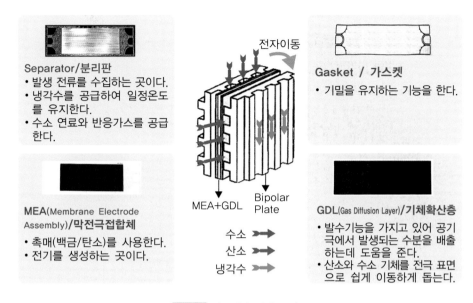

Separator/분리판
- 발생 전류를 수집하는 곳이다.
- 냉각수를 공급하여 일정온도를 유지한다.
- 수소 연료와 반응가스를 공급한다.

MEA(Membrane Electrode Assembly)/**막전극접합체**
- 촉매(백금/탄소)를 사용한다.
- 전기를 생성하는 곳이다.

전자이동

MEA+GDL Bipolar Plate

수소 ➤➤
산소 ➤➤
냉각수 ➤➤

Gasket / 가스켓
- 기밀을 유지하는 기능을 한다.

GDL(Gas Diffusion Layer)/**기체확산층**
- 발수기능을 가지고 있어 공기극에서 발생되는 수분을 배출하는데 도움을 준다.
- 산소와 수소 기체를 전극 표면으로 쉽게 이동하게 돕는다.

그림 4 연료전지 셀의 구성

2) 기체 확산층(GDL; Gas Diffusion Layer)

GDL의 가장 기본적인 역할은 전극에 있는 수소를 Membrane까지 확산시켜 주는 것이다. 이외에도 촉매층에서 나오는 반응 생성물(가스 및 물)을 제거하는 역할도 한다. 한편 연료전지 셀에서 전기를 만들어 내기 위해서는 수분이 필요한데 GDL은 이러한 물 관리에도 참여한다. 더불어 Membrane에서 나오는 열을 분리판의 냉각통로까지 가져오는 데에 도움을 주고, 촉매층의 전자를 이동시키는 역할을 한다.

3) 분리판(Bipolar plate)

분리판은 공급되는 기체(수소, 산소)의 공급 통로이다. 스택의 냉각을 위한 냉각수의 통로, 발전된 전류를 이동시키는 통로 역할도 한다.

4) 스택전압 모니터(SVM; Stack Voltage Monitor)

스택에 장착되어 있는 스택전압 모니터(SVM)는 스택에서 발생되는 전압을 실시간 측정하는 역할을 한다. 이때 측정된 전압은 CAN통신라인을 통해 최상의 제어기인 FCU(Fuel Control Unit)에 전송하게 되고 FCU는 이 정보를 이용해 현재 가용할 수 있는 전압의 상태를 파악하여 모터를 구동하는 데에 필요한 기초 신호로 사용한다.

3 공기공급시스템

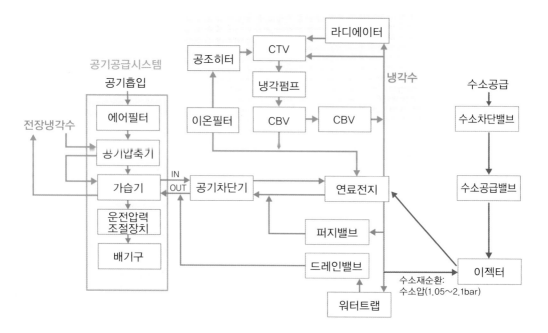

그림 5 공기 공급 시스템

스택에서 전기 생산을 위한 공기는 필수다. 그림 5는 전체 시스템에서 공기공급 시스템 영역을 나타낸 것이다. 공기차단기를 기준으로 공기의 유입과 배출이 이뤄지고 있다.

주요 구성품은 그림 6과 같이 에어클리너 필터, 공기유량센서, 공기차단기, 가습기, 공기압축기, 에어쿨러, 배기파이프, 배기덕트, 운전압력조절장치, 온도센서로 이루어진다. 사실 거창하게 나열하였으나 요점은 일정한 수분을 포함한 깨끗한 공기를 적당한 온도로 스택에 공급하는 것이 최종 목표이다.

여기서 '일정한 수분'이 필요한 이유는 연료전지의 cell에서 수소 반응이 잘 일어나도록 하는 촉매 역할을 해주기 때문이다. '일정함'은 너무 많아서도 적어서도 안 된다는 뜻이다. 너무 많은 양의 수분이 존재할 경우 영하의 날씨에 내부에 빙결을 일으킬 수 있는 원인이 된다. 따라서 얼지 않을 정도의 수분 양을 공급해야 한다.

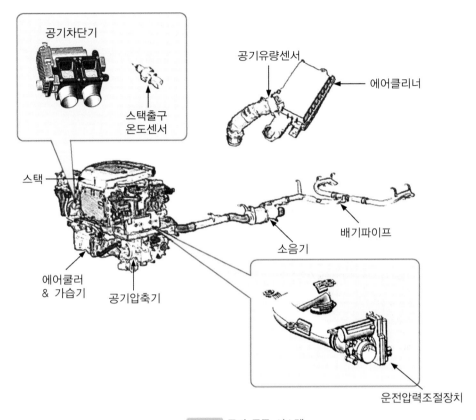

그림 6 공기 공급 시스템

공기의 흐름은 아래 그림과 같이 우선 외부의 공기가 필터로 유입되고, 이 중 미세먼지 등 이물질이 제거된 나머지 공기가 흡입 소음 제거를 위해 레조네이터를 통과하게 된다. 이후 공기 압축기로 전달되는데 최대 10만 RPM으로 회전하는 압축의 힘으로 공기를 스택으로 압송하게 된다. 이 때 고압력에 의한 가압에 의해 공기의 온도는 약 80℃까지 상승하게 되어 밀도 저하를 일으키는데 이를 방지하기 위해 에어쿨러에서 공기의 온도를 약 30~40℃ 떨어뜨린다.

이후 스택 내부에서의 전기 전도 활성화를 위하여 가습기를 이용, 공기에 습기를 보충한다.

결국 깨끗한, 저온의, 습기를 함유한 공기는 공기차단기의 Inlet 포트를 통해 스택으로 공급된다.

한편 스택에서 전기를 생산하고 임무를 마친 공기를 그대로 버리는 것은 비효율적이다.

고성능 필터를 통해 깨끗해졌고, 압축기를 통해 동력을 얻었고 가습기를 통해 전기 전도도까지 높은 공기이기 때문이다. 따라서 재사용 과정을 거쳐 에너지의 낭비를 줄인다.

이를 위해 공기 차단기의 outlet 포트를 작동시켜 가습기로 회수시키고 공기 속에 함유하고 있는 습기를 재활용을 위해 도로 가져간다. 최종적으로 가습기를 통과하여 자신의 습기마저 빼앗긴 공기는 공기압력밸브를 지나 배기로 배출되어 전 과정을 마친다.

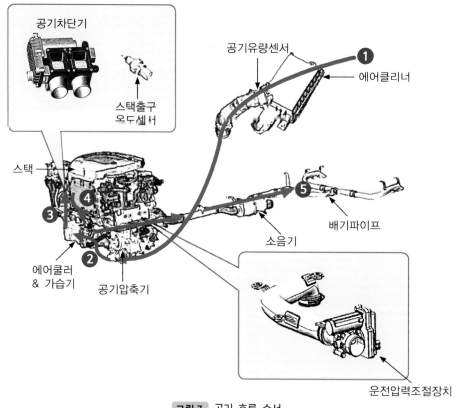

그림 7 공기 흐름 순서

1 공기공급 제어도

스택에 공급되는 공기는 두 가지 기능을 한다.

첫째 스택에서 전기를 생성하기 위해 필요한 **산소를 공급**한다. 대기는 약 20%의 산소가 포함되어있어 공기 공급이 불충분하면, 스택의 전압이 떨어지게 되므로 이를 압축하여 산소 밀도를 높인다.

둘째 **스택 내의 수분을 배출**하는 데 도움을 준다. 공기 공급이 불충분할 경우에 스택은 효율적으로 수분을 배출할 수 없고 스택에 남아있는 수분이 빙결할 수 있다. 결국 공기 공급 시스템은 이러한 두 가지 기능을 모두 만족시키기 위한 구조로 되어 있다.

스택에 필요한 공기는 외부에서 에어클리너를 통해 유입되고 공기압축기에 의해 동력을 얻어 스택으로 밀고 들어가 전력을 생산하게 된다.

BPCU(Blower Pump Control Unit)는 공기 압축기의 속도를 조절하는 컴퓨터이다. 3상 교류로 변환하기 때문에 인버터로 되어 있으며 주파수 제어로 공기 압축기 모터의 속도를 조절한다. 250~450V의 높은 구동 전압을 받아들이고 최대 10kW의 전력과 100A의 전류를 출력한다. 따라서 높은 전력에 의한 발열이 발생되며 수냉각 방식을 적용하여 일정 온도를 유지하게 된다. CAN을 통해 FCU로부터 구동 명령을 받으면 인버터에 의해 속도 변환과정을 거쳐 최종적으로 공기 압축기의 압력을 만들어 낸다.

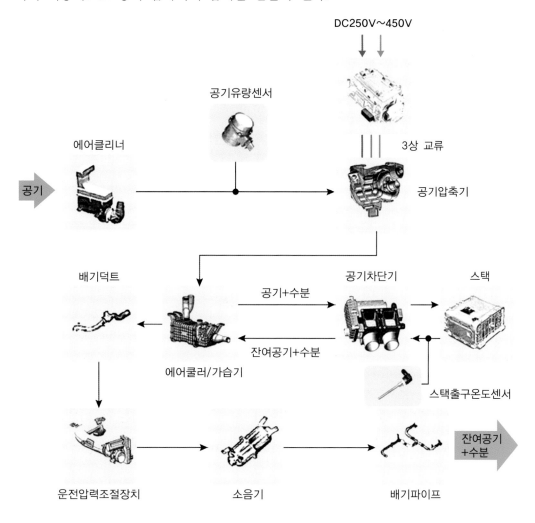

그림 8 공기공급시스템 제어도

② 구성부품의 기능

1) 에어필터

수소전기자동차에서 공기의 정화는 스택의 수명과 전력생산능력에 결정적으로 중요한 역할을 한다. 따라서 에어필터, 막가습기를 거쳐 최종적으로 스택 내부의 기체 확산층을 통과하는 것으로 3단계의 정화 과정을 거치게 된다.

에어필터는 외부 환경에서 유입되는 오염된 공기에 포함된 미세먼지를 걸러주는 역할을 하고 더불어 스택 내부에서 만들어지는 아황산가스, 부탄 등을 걸러내는 역학도 한다. 교환 주기는 10,000km이다. 이 교환 주기를 넘기거나 장시간 필터 사용으로 막히게 될 경우 공기압축기의 부하가 비정상적으로 상승하게 된다. 결국 흡기측의 공기 유입 저항 증가는 스택의 전력생산 부족으로 연결되고 피드백 시스템에 의해 공기압축기의 회전수는 더욱 상승하게 된다. 이는 필요 이상의 전기에너지를 소모시키고 구동소음이 증가하게 되는 결과가 발생된다. 또한 필터링의 기능이 저하 될 경우 유해가스가 스택 내부로 침범하게 되고 고가의 스택이 손상될 수 있으므로 교환 주기는 필수적으로 관리해야 한다.

필터의 구조는 총 4개의 층으로 이뤄져 있다. 파티클층 #1은 비교적 입자가 굵은 물질을 포집하는데 입자상 물질(PM) 등을 필터링한다. 카본층은 다양한 화학 물질과 부탄(탄소 물질) 및 아황산 물질을 포집한다. 파티클층 #2는 입자상물질과 더불어 미세입자를 포집한다. 커버층은 입자층을 보호하기 위해 설치한 것이다.

2) 공기유량센서

공기유량센서는 스택으로 유입되는 공기량을 측정하여 FCU로 보낸다. 핫필름 방식으로 가열된 열선이 냉각되는 정도에 따라 공기량을 검출한다. 내연기관에서 사용되는 부품과 동일한 기능을 한다.

센서 2번단자는 FCU에서 공급하는 레퍼런스 전압을 받고 공기유량의 정도에 따라 변화하는 전압값으로 FCU는 이 단자를 통해 공기량을 파악한다.

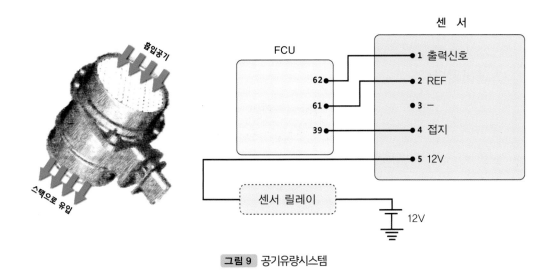

그림 9 공기유량시스템

3) 공기압축기(ACP; Air Compressor Pump)

공기압축기는 에어필터를 통해 유입된 공기의 압력을 높여 스택으로 보내는 장치이다. 고속 회전에 적합한 집중권 모터를 사용한다.

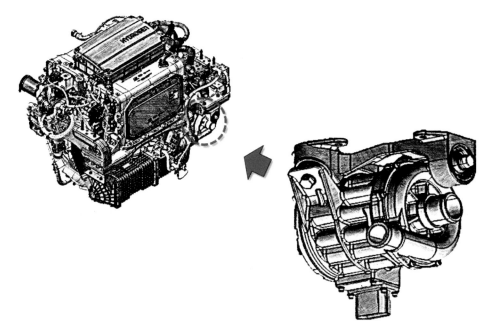

그림 10 공기압축기(ACP; Air Compressor Pump)

내부의 회전 베어링은 공기베어링의 한 종류인 에어포일베어링 방식을 사용했다. 기존의 볼 베어링이 가지고 있는 특징은 작동 시 소음이 크고 윤활이 필요하다는 점이다. 수소자동차는 내연기관보다 정숙하며, 윤활유 사용 시 스택의 오염과 직결되므로 이에 대한 개선이 필요하다. 따라서 항공 분야에 적용해왔던 비접촉 에어포일베어링을 적용하게 되었다.

일반적인 베어링의 구조는 쇠구슬이 회전축을 둘러싸고 있으며 그 사이에 쇠구슬의 마모를 줄이고, 부드럽게 축이 돌아가게 하기 위해 윤활유가 들어있는 구조이다.

이러한 베어링 구조의 단점은 윤활유를 주기적으로 갈아줘야 한다는 것이다. 만일 이러한 베어링을 수소전기사동사에 상착했을 경우 윤활유가 스택 내부로 유입되어 심각한 고장을 초래할 수 있다.

따라서 이러한 점을 해결하기 그림 11과 같은 회전축과의 접촉을 하지 않는 공기베어링이 필요하며 수소전기자동차의 공기압축기에서는 이 종류의 하나인 에어포일베어링을 사용한다. 에어포일 베어링은 기존의 접촉식 구름베어링이 가지는 문제점인 접촉에 의한 진동 문제가 없으며, 윤활시스템이 필요 없다. 더불어 구조가 간단하여 무게, 크기 측면에서 유리하다. 또한 제조원가도 낮으며 제어장치가 필요 없는 장점을 가지고 있다.

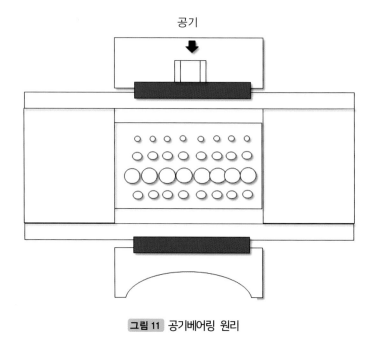

그림 11 공기베어링 원리

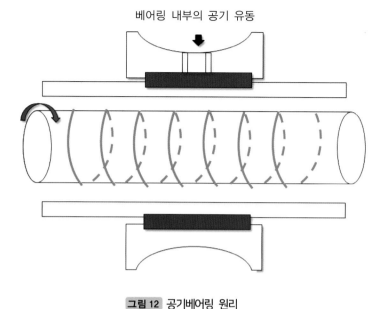

그림 12 공기베어링 원리

그림 12와 같이 공기베어링은 축이 회전함에 따라 축과 베어링 사이에 압력이 발생되어 축이 뜨는 원리를 이용한 것이다.

이와 유사한 원리의 공기포일 베어링은 위쪽에 있는 얇은 막(탑 포일)과 이를 지지하는 물결 모양의 얇은 막(범프 포일)으로 구성되어 있는데, 위쪽에 있는 얇은 막과 회전하는 축 사이에 공기막을 형성하는 베어링을 일컫는다.

그림 13 에어포일베어링 정지

그림 14 에어포일베어링 회전

그림 13은 베어링의 정지상태이며 그림 14는 회전축이 회전하는 것을 나타낸다. 그림 13과 같이 정지 상태에서 회전 직전 회전축과 베어링 사이의 마찰로 인해 급격한 마모 현상이 발생하는데 이를 최소화하기 위해 접촉 측에 특수 코팅을 한다.

한편 공기 압축기는 영구자석 회전자에 임펠러가 부착되어 회전 운동을 통해 압축압력을 만들어 낸다. 공기 압축기의 모터는 2극 15kW의 용량을 가지고 있다. 모터의 로터에 해당하는 영구자석이 회전하게 되면 여기와 연결된 임펠라가 회전하면서 공기를 압축시켜 공기를 생성시킨다. BLDC 3상 타입을 쓰며, 공기를 2bar까지 압축한다. 최대 10만rpm으로 회전하기 때문에 모터에서 발생되는 열을 전장 냉각 라인의 냉각수를 이용해 냉각한다.

4) 에어쿨러 & 가습기

고분자 전해질 연료전지(PEMFC)의 내부에는 전해질막과 촉매층에 술폰산기(sulfonic acid group)성분의 이온 전도체가 사용된다. 여기서 술폰산기는 수분에 의해 이온 전도성이 활성화되기 때문에 성능의 최적화를 위해 고분자 전해질 막이 일정 수준 이상 습윤될 수 있도록 가습기가 필요하다.

연료전지 가습 방법은 내부, 외부 가습으로 분류된다. 현재 사용되고 있는 막가습기 방식은 대부분 외부 가습 방법이다. 막가습기는 스택에서 생산되고 남아 배출되는 고온, 고습의 폐습윤 공기(exhaust gas) 내의 수분과 열에너지를 회수하는 장치이다. 막가습기가 연료전지에서 배출되는 열과 수분을 회수하여 재사용하기 때문에 별도의 에너지원이나 기계장치가 필요하지 않다는 장점을 가지고 있다.

가습을 위한 수분 공급원의 상태에 따라 기체-기체(gas-to-gas)와 액체-기체(water-to-gas) 막 가습기로 분류된다. 현재의 자동차 연료전지 시스템에서는 기체-기체 막 가습기를 채용하고 있다.

특히 가습기의 핵심 기능을 발현하는 분리막의 형태는 평막형과 중공사(hollow fiber)형으로 분류할 수 있다. 중공사막(hollow fiber)을 이용한 막 가습기는 고집적화가 가능하여 적은 용량에서도 연료전지의 가습이 원활히 이루어질 수 있다. 또한 평막형에 비해 중공사형은 동일 공간에 상대적으로 더 높은 유효 막면적의 가습력이 가능하므로 대부분의 수소전기자동차에서 사용하고 있다.

중공사막은 중공사로 만든 막을 말한다. 한자를 써보면 中空絲(중공사)라고 되어있다. 즉 가운데가 뚫린 실을 말한다. 이런 중공사로 만든 막을 중공사막이라고 하는 것이다. 중공사로 만들어진 막을 이루고 있는 실은 가운데가 비어 있어 같은 부피의 타 재료에 비해 가볍고 보온성이 뛰어나다. 이러한 원리로 물은 침투시키지만 불순물을 통과시키지 않는 성질이 있어 주로 초정밀 여과재로 많이 사용한다. 수소전기자동차에서는 막가습기 내부의 중공사막의 내외측 간 수분 분압차를 이용하여 스택으로 공급되는 공기에 대한 가습을 할 수 있게 된다.

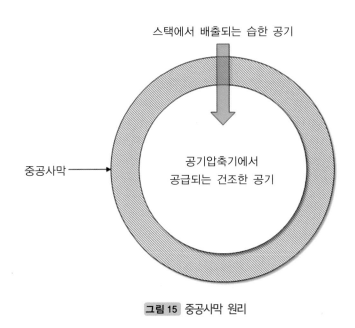

그림 15 중공사막 원리

이러한 중공사형 막가습기는 그림 15와 같이 연료전지로부터 배출되는 습기를 포함한 기체 속의 수분과 외부로부터 공급되는 건조 기체가 서로 수분을 교환하는 방식으로 작동하게 되어있다.

일반적으로 수소전기자동차 운전 시 스택으로부터 반응을 마치고 배출된 습한 공기가 중공사막의 외부에서 공급되면 중공사막의 내부에 공기압축기로부터 공급된 건조공기가 흐르는 상태가 된다. 이때 습한 공기에 함유된 물이 중공사막을 통과하여 내부의 건조공기를 가습하게 된다.

그림 16은 현재 수소전기자동차에 적용되어 있는 중공사형 막가습기를 나타내고 있다. 이 원리는 앞서 언급한 대로 중공사막의 내외부간의 수분분압차를 이용한다.

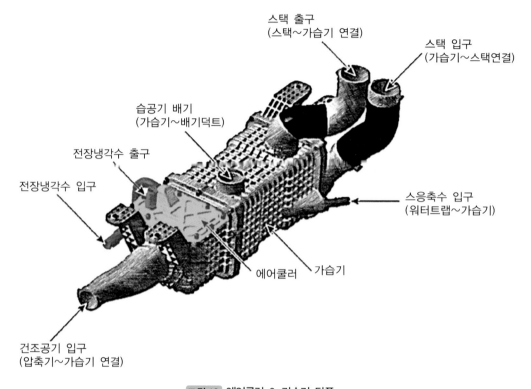

스택 출구
(스택~가습기 연결)

스택 입구
(가습기~스택연결)

습공기 배기
(가습기~배기덕트)

전장냉각수 출구

전장냉각수 입구

스응축수 입구
(워터트랩~가습기)

에어쿨러 가습기

건조공기 입구
(압축기~가습기 연결)

그림 16 에어쿨러 & 가습기 단품

그림 17은 Gas-to-Gas 막가습기를 이용하는 전형적인 PEMFC 시스템이다.

앞서 언급한 장점으로 대부분의 수소전기자동차에 적용된 PEMFC 시스템의 막가습기 방식은 Gas-to-Gas을 이용한다.

한편 Gas-to-Gas 막가습기의 단점으로는 첫째 차량의 운행 환경에 따라 **연료전지 주변온도의 변화**가 발생되며, 둘째 연료전지에 유입되는 공기의 압축 정도에 따라 **온도 상승과 상대습도 감소**가 발생하게 된다는 것이다.

결국 이 두 가지 단점으로 막가습기 입구의 건조한 공기의 온도 변화가 발생되어 스택에서 요구하는 일정한 가습력을 가진 공기를 유지하는 제어를 더욱 정밀하게 요구하게 된다.

스택에서의 전기가 안정적으로 생산되기 위해서는 연료전지에 공급하는 공기가 적정한 가습과 밀도를 유지하고 있어야 한다. 또한 적절한 가습은 고분자막의 열화를 방지하는 역할도 한다.

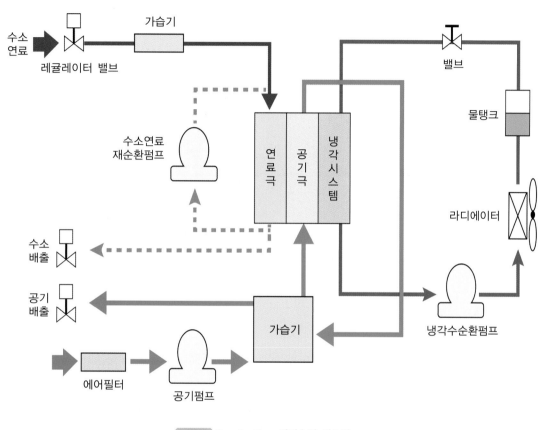

그림 17 Gas-to-Gas 막가습기 시스템

이를 위해 연료전지에 활용되는 가습기와 쿨러는 그림 16과 같이 일체형으로 되어 있다. 다시 한번 앞선 내용을 정리하면 다음과 같다.

공기 압축기에 의해 압축된 공기는 온도가 80℃까지 상승됨에 따라 밀도가 낮아져 효율이 떨어진다. 따라서 쿨러는 온도를 약 30~40℃까지 낮추어 밀도를 높이는 역할을 하는데 전장 냉각라인을 이용한다.

밀도가 상승한 공기는 가습기 내부의 가습막을 통과해 수분을 공급받는다. 이는 스택 내부의 각 cell에서 수소 반응이 잘 일어나도록 하기 위해서다.

즉 고밀도의 습한 공기가 스택에 유입된다. 스택 내부에서 사용되고 남은 공기(습기를 가지고 있는)가 스택출구 통로로 유입되어 습기를 회수하고 건조공기가 되어 습공기 배기로 최종적으로 빠져나가게 된다.

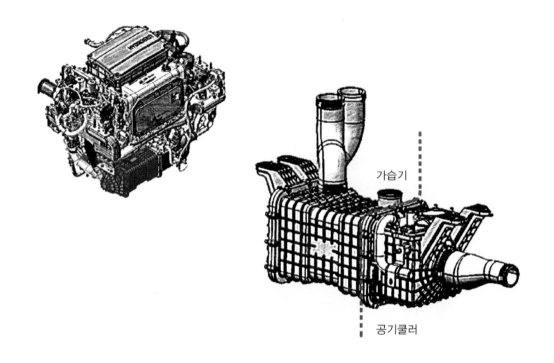

가습기

공기쿨러

그림 18 공기쿨러 & 가습기

5) 스택출구 온도센서

스택출구 온도센서는 스택에 조립되어있다. 스택에 유입되는 흡입, 배출 공기의 온도를 측정한다. 온도가 상승하면 저항이 떨어지는 NTC소자이다. 온도 정보는 FCU에 전송되어 흡입 공기의 밀도를 파악하는 기초신호로 사용된다.

6) 공기 차단기

공기 차단기는 스택과 공기공급시스템을 연결해주는 중간자 역할을 한다. 또한 가습기에서 공급된 공기를 스택에 공급하고 스택에서 사용된 공기를 가습기로 회수하는 통로 역할을 한다.

스택이 활성화하기 위해서는 공기차단기가 항상 open되어 공기의 유입과 배출이 원활해야 한다. 그러나 시동이 꺼진 직후(Ready off) 상황에서는 안전상 스택의 전력생산이 즉각 멈춰야 한다.

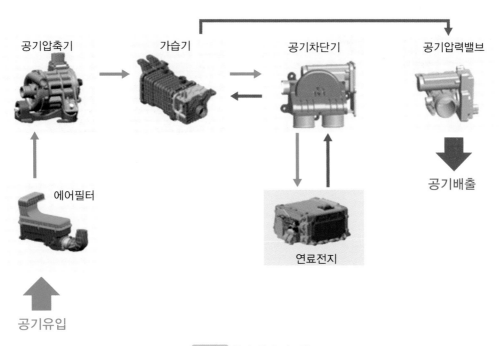

그림 19 공기 차단 시스템

시동이 꺼지더라도 공기압축기를 거쳐 동력을 얻은 공기는 관성의 힘이 존재하게 되고 중간에 가로막는 물체가 없으면 스택으로 밀고 들어오려 한다. 이렇게 되면 비정상적인 전기가 생산되어 안전에 큰 문제를 일으킬 수 있다.

따라서 시동이 꺼진 직후(Ready off) 공기 차단기가 작동하여 스택으로 들어오는 공기를 차단하고 전력생산을 불가능하게 만든다. 이 부분은 내연기관 디젤엔진의 스로틀 밸브와 유사한 기능을 한다.

공기를 무한히 받아들이는 디젤기관에서는 시동 OFF 후에 디젤링 현상(시동을 꺼도 계속 엔진이 작동하는 것)을 막기 위해 스로틀 밸브를 강제로 닫는데 수소전기자동차의 공기 차단기와 동일한 역할을 한다.

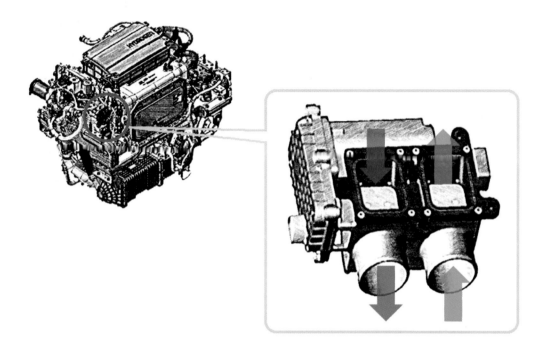

그림 20 공기 차단기

7) 공기압력밸브

스택으로 공급된 산소 중 전기를 생산하고 남은 산소가 존재하게 된다.

이 산소는 공기압축기에 의해 압력이 실린 상태에서 흡입관 곳곳에 머물게 되고 공기압축기가 계속 작동 상태라면 외부로 빠져나가기가 상당히 어려워지게 된다. 이러한 상황이 발생될 경우 스택 내부에서는 외부로 빠져나가지 못한 반응 후 산소가 잔류하게 되어 일정한 저항 압력을 만들어내고 결국 신선한 공기가 유입되는 것을 방해하게 된다.

내연기관에서 연소실의 잔존하는 연소가스가 신선한 공기 유입을 막는 것과 동일한 현상이다. 결국 이러한 상황이 발생되면 전력생산에 차질을 빚게 된다. 따라서 이를 방지하기 위해서 운전압력조절장치의 공기압력밸브(APC)를 닫아 배압을 형성하여 반응 후 공기를 외부로 쉽게 빠져나갈 수 있게 함과 동시에 스택에 공급되는 공기를 쉽게 유입될 수 있도록 한다.

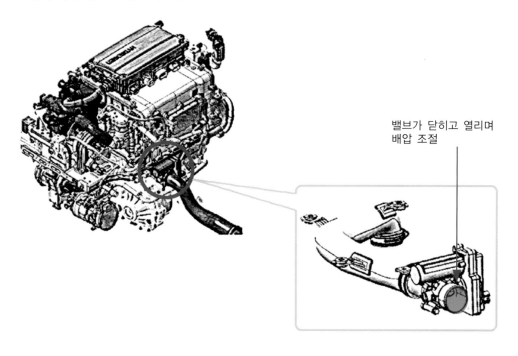

밸브가 닫히고 열리며 배압 조절

그림 21 공기압력밸브

4 수소공급시스템

수소공급시스템의 역할은 수소탱크에 저장된 최대 700bar 고압의 수소를 연료전지스택에 적절한 압력(1~2bar)과 유량으로 공급하는 것이다. 이를 위하여 그림 22와 같이 다수의 밸브와 센서로 구성되며 FCU(Fuel Cell Control Unit)가 제어하게 된다.

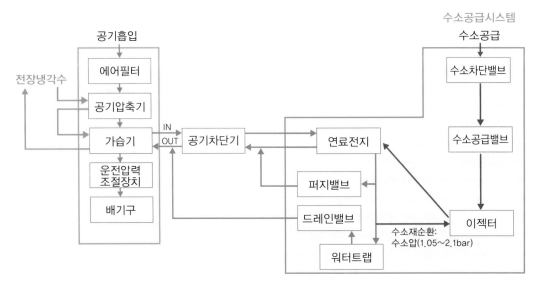

그림 22 수소공급회로

수소차단밸브는 수소 저장탱크에서 벗어난 연료가 스택으로 향하는 관문에서 제일 처음으로 만나는 밸브이다. 시동 ON과 동시에 수소의 공급을 위해 열리고, 시동 OFF에 닫힌다. 수소차단밸브와 수소공급밸브를 통과하는 연료는 스택에서 요구되는 압력 수준으로 조절된다. 이를 위해 스택에 장착된 수소압력센서의 신호를 모니터링하는 FCU가 수소공급밸브를 조절하게 된다.

일정한 압력으로 조절된 수소 연료는 최종적으로 이젝터로 들어간다. 그림 23과 같이 이젝터는 스택 내부에서 수소와 공기가 결합되고 남은 미반응 수소를 재순환 시키는 역할도 담당한다. 기계적인 구조로 되어 있으며 내연기관이 인젝터와 동일한 기능을 한다고 보면 된다.

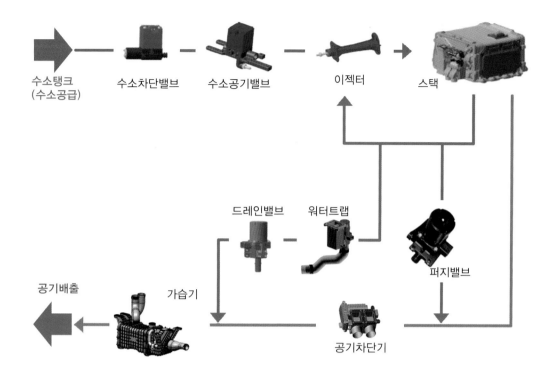

그림 23 수소 연료 공급 제어도

1 수소저장탱크

수소는 무게당 에너지의 밀도가 가솔린보다 3 ~ 4배 높다. 그러나 면적당 에너지 밀도는 가솔린의 25% 수준이기 때문에 기체 상태에서 저장되는 수소는 연료탱크를 크게 할 수 밖에 없고 이는 차량 무게 증가로 되돌아온다. 따라서 최대한 압축하여 저장해야 효율적인 사용이 가능하다.

기체 상태의 부피가 큰 수소를 압축하여 저장해야 하기 때문에 탱크의 소재는 견고해야 한다. 따라서 수소전기자동차의 원가에서 연료탱크가 차지하는 비중 10%를 웃돈다. 대부분의 수소전기자동차는 고압기체 저장방식을 사용하고 있다. 수소탱크는 700bar의 높은 압력과 수소가스 충방전 시 약 -40도 ~ 80도까지의 온도가 변화하므로 이에 대응하는 소재로 만들어져야 한다.

한편 수소의 최대 단점은 취성을 가지고 있다는 점이다. 이 성질은 금속을 내부로부터 부식시키는 성질을 말한다. 외관은 멀쩡한데 내부로부터 파손이 이루어져 심각한 사고를 유발할 수 있다. 따라서 수소저장탱크는 이러한 성질을 이겨낼 수 있는 소재로 만들어야 한다.

수소차를 최소 20년 이상 사용하기 위해서는 내구성과 연비를 고려한 경량화 기술이 필요하다. 이를 위해서 외부의 라이너는 에폭시 수지에 담근 다음 꼬인 형태에서 말려진 탄소 섬유로 만든다. 탄소 섬유층은 내부 압력 부하에 견디는 능력이 강하고 비틀림 응력을 버텨낸다. 한편 탄소 소재로 연료탱크를 만들 경우 금속 소재에 비해 70% 가량 무게를 줄일 수 있다.

수소전기자동차는 1kg 수소로 대략 100km 정도 주행이 가능하고 현재 상용화된 차량에는 3개의 용기에 5~6kg의 압축 수소를 실어 이론상 약 600km의 주행이 가능하다.

수소연료탱크의 내구성을 위해서 여러 가지 실험을 한다. 높은 곳에서 떨어뜨리고 탱크에 충격을 가하며 화로에 집어넣어 가열 시험을 하고 냉동고에서 냉동 실험을 하기도 한다. 또한 후방 충돌과 연료의 사용압력으로 반복 충반전하는 시험 등을 진행한다.

현재 수소전기자동차에 장착되어있는 연료 탱크의 실험 기준은 1.8미터 높이에서 떨어뜨리고 수소를 700bar 충전한 탱크에 총탄을 쏴도 폭발하지 않아야 하고, 관통된 부위로 수소만 방출되어야 한다.

한편 차량 화재가 발생되어 화염이 생기더라도 내부의 수소가 신속히 외부로 방출되는 구조로 되어있어 탱크 자체가 폭발할 가능성은 매우 낮다. 이외에도 아래의 표와 같은 안전 시험을 통과해야 한다.

┃표┃ 수소저장탱크 안전시험

파열시험	사용압력의 2.25배(용기 재료에 따라 다를 수 있음) 이상으로 가압
수압반복시험	사용압력의 1.25배까지 충전 횟수의 3배 수압으로 반복 가압
수소가스 반복시험	수소가스를 사용하여 사용압력으로 1000회 반복 가압(Type-4)
기밀시험	사용압력으로 3분간 가압 후 가스 누출 검지(Type-4)
투과성시험	사용압력으로 수소를 채우고, 챔버 안에서 500시간 동안 투과량 확인 (Type-4)
파열 전 누출시험	**사용압력의 1.5배로 충전 횟수의 3배 수압으로 반복 가압**
충격시험	직경 7.62mm 탄환으로 용기 관통
보스토크시험	PRD 토크의 2배에서 기밀 유지
재료시험	인장, 충격, 내부식성, 보호코팅, 수소적합성 등 확인

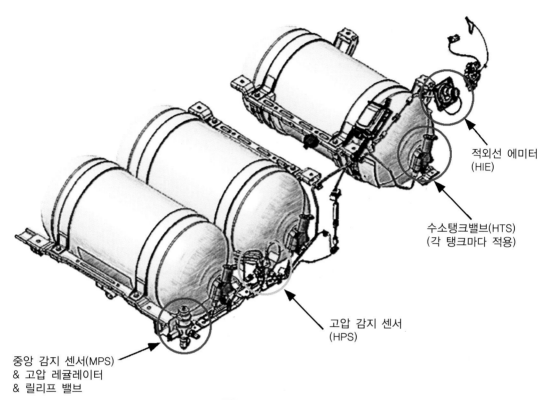

적외선 에미터
(HIE)

수소탱크밸브(HTS)
(각 탱크마다 적용)

고압 감지 센서
(HPS)

중앙 감지 센서(MPS)
& 고압 레귤레이터
& 릴리프 밸브

그림 24 수소저장탱크

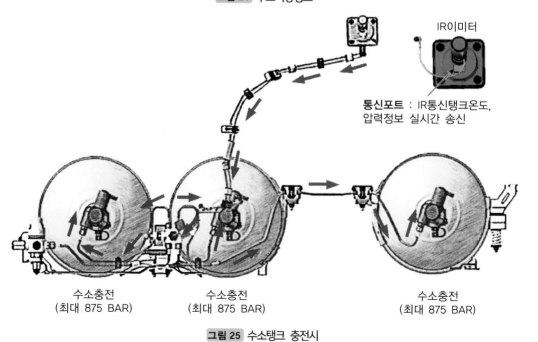

IR이미터

통신포트 : IR통신탱크온도,
압력정보 실시간 송신

수소충전
(최대 875 BAR)

수소충전
(최대 875 BAR)

수소충전
(최대 875 BAR)

그림 25 수소탱크 충전시

② 수소연료 흐름

1) 수소충전 흐름

그림 24와 같이 수소저장탱크는 총 3개이며, 연료 충전 시 3개의 탱크 압력이 동시에 상승한다. 수소 충전은 수소탱크 내의 압력보다 더 큰 압력으로 충전하는 것을 기본으로 한다.

고압의 연료가 이송됨에 따라 수소탱크의 온도 상승으로 이어지고 결국 연료의 저장 밀도가 저하된다. 따라서 탱크 내부의 온도를 일정하게(약 85℃)로 유지하기 위해 그림 25와 같이 충전소와 연료탱크 간 통신(IR리미터)을 하여 충전속도를 제어한다. 이 모든 제어에는 수소저장시스템제어기(HMU; Hydrogen Manufacture Unit)가 관여한다. 수소 충전 시에는 수소가스 압축으로 생성된 열이 탱크 내부에서 생성되며 이로 인해 탱크의 온도가 상승하게 된다. 따라서 수소충전소는 탱크의 온도가 85℃를 초과하지 않도록 충전 통신을 통해 수소충전기의 충전속도를 제어한다. 최대충전 압력은 조건에 따라 변동되나 최대 875bar을 초과하지 않도록 한다.

수소전기자동차의 연료 탱크에 부착된 밸브는 체크밸브 타입으로 연료 통로를 막고 있다가 충전소로부터 전달되는 연료 압력이 탱크의 압력보다 큰 경우 고압의 가스가 밀고 들어가 충전이 되기 때문에 충전 중 전력사용은 필요 없다. 3개의 연료탱크 연료주입순서는 없으며 동시에 충전된다.

그림 26과 같이 운전자에 의해 시동 신호가 감지되면 탱크에 저장된 수소가 스택으로 공급되기 위해 밸브가 개방된다(레귤레이터는 압력을 감소시키고 연료공급시스템(FPS)에 필요한 압력이나 유량을 제공한다.). 주행 중 3개의 탱크 내의 수소는 동일하게 소모되고 압력 역시 동등하게 저하된다. 한편 수소저장탱크는 수명이 있다.

그림 27과 같이 15년 혹은 5,000회 이상 충전(1회 충전 175bar 이상)을 할 경우 계기판의 Ready의 점등이 불가능하며, 충전 횟수 4,995회를 초과할 경우 서비스램프 등이 점등된다.

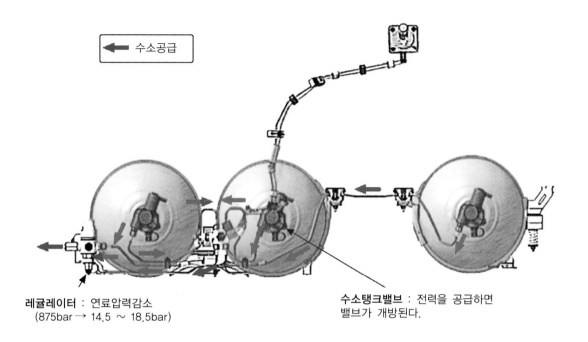

<---- 수소공급

레귤레이터 : 연료압력감소
(875bar → 14.5 ~ 18.5bar)

수소탱크밸브 : 전력을 공급하면
밸브가 개방된다.

그림 26 수소탱크 주행 중 수소 흐름

자동차용 압축수소가스 전용
2036년 8월 이후 사용금지

- 모델명 : HT700-052J
- 길이 : 870mm, 직경 : 363mm, 밸브나사산 1 1/2 - 12 UNF-2B

제조자 ex)FCEV	제조일련번호 17S022301	제조년월일 202108	내용적 V52.2L
용기중량 W37kgf	충전가스명 CHG	최고충전압력 FP70MPa	내압시험압력 TP105MPa

- 최고충전횟수 : 4,000회
- 용기제조규정 : 국토교통부고시, 자동차용 내압용기 안전에 관한규정, 별표4

이 내압용기에는 한국가스안전공사가 적합하다고 인정한 용기밸브와
용기 안전장치만 부착할 것

→ 15년 5,000회 충전 이후 재사용 금지(법규)

그림 27 수소저장탱크 내구성

2) 수소연료흐름

수소저장탱크에서부터 최종적으로 스택에 연료를 분사하는 이젝터까지 연료의 흐름의 핵심은 700bar의 압력을 1~2bar로 낮추는 것이다. 이를 위해 그림 28과 같이 많은 밸브가 관여하게 된다. 밸브를 통과할 때마다 연료의 압력은 점진적으로 낮춰진다. 또한 밸브는 안전상 일정한 압력 이상을 선회할 경우 외부로 연료를 배출할 수 있는 기능도 갖춰있다. 좀 더 자세히 밸브의 내용을 확인해 보자.

감압의 첫 단계는 수소저장탱크에 장착된 **고압레귤레이터**(HPR)에 의해 약 16bar로 감압이 되는 것이다. 수소차단밸브의 전단에는 차량의 시동과 무관하게 항상 이 압력이 유지되어 있어야 하며 시동 신호와 함께 이를 수소차단밸브(FBV; Fuel Block Valve)로 보낸다.

두 번째 감압은 **수소압력제어밸브**(FSV; Fuel Supply Valve)에 의해 이루어진다. 17bar의 압력을 1~2bar로 감압시켜 필요에 따라 수소 공급량을 조절해 이젝터로 공급한다.

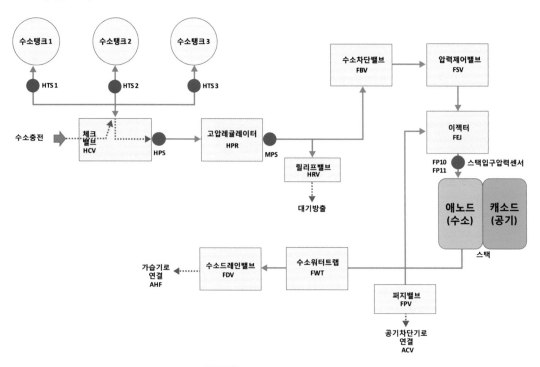

그림 28 수소저장탱크 흐름도

최종적으로 이젝터로 분사되고 남은 수소연료는 2가지로 분류되는데 기준은 순도이다. 즉 순도가 저하된 수소는 수소퍼지밸브(FPV; Fuel line purge valve)를 통해 공기차단기로 리턴 시키고 순도가 높은 수소는 회수하여 이젝터로 순환시켜 재사용한다. 고순도의 수소를 사용해야 스택에서 높은 전력 생산이 가능하고 내부의 스택을 보호할 수 있기 때문이다.

3 구성부품

1) 고압감지센서(HPS; High pressure sensor)

탱크의 이상 고압을 감지하여 수소탱크제어유닛(HMU; Hydrogen Management Unit)으로 전송하는 역할을 한다. 수소전기자동차에는 총 3개의 연료탱크가 있으므로 연료 압력을 감지하기 위해서는 그림 28과 같이 3개의 탱크에서 보내지는 연료라인이 한곳으로 모이는 부위에 고압감지센서가 장착되고 최고 900bar까지 감지한다.

안전상 내부에 수소 충전구와 탱크를 차단하는 체크 밸브가 내장되어있다. 또한 압력릴리프 밸브와 서비스 퍼지밸브를 포함하며 중압감지센서가 장착된다.

2) 중압감지센서(MPS; Middle pressure Sensor)

중압감지센서는 고압레귤레이터(HPR)가 탱크의 고압을 17bar로 하강시키는 압력을 실시간 감시한다. 즉 고압레귤레이터가 정상적으로 감압을 하는지를 측정하여 HMU에 전송한다. 만약 감압한 연료가 22bar 이상일 경우 같이 장착되어 있는 릴리프 밸브를 통해 외부로 방출하여 고압의 수소가 연료라인으로 전달되는 것을 방지한다.

3) 서비스 퍼지 밸브 Service Purge Valve

수소전기자동차의 수소 연료 공급 및 저장 시스템에 대한 정비 시에 스택과 탱크 사이에 머무르는 연료를 배출해야 할 때 서비스퍼지밸브를 이용한다. 내부에 니플이 있는데 수소연료배출 튜브를 연결하여 수소를 배출시킬 수 있다.

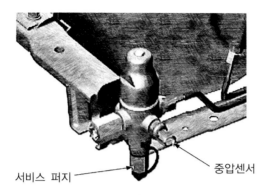

서비스 퍼지   중압센서

그림 29 서비스 퍼지 밸브

4) 수소탱크밸브(HTS; Hydrogen Tank Solenoid valve)

수소탱크밸브는 저장 탱크에 각각 하나씩 장착(총 3개)되어 있으며 HMU에 의해 구동된다. 밸브 내부는 탱크에 저장된 수소를 연료 공급라인으로 공급시키기 위한 솔레노이드밸브, 긴급 상황 시 수소를 수동으로 차단을 할 수 있는 매뉴얼 차단밸브, 탱크 내부의 온도 감지가 가능한 온도센서로 구성된다. 수소 연료가 비정상적으로 고온으로 상승할 경우 폭발의 위험이 있으므로 온도센서가 이를 측정하여 온도감응안전밸브를 통해 외부로 방출한다.

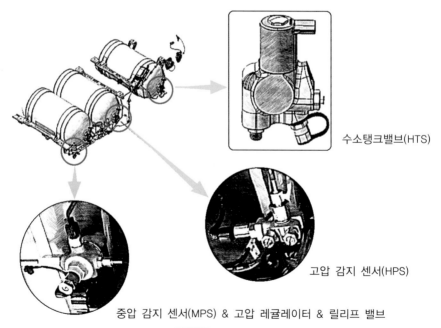

수소탱크밸브(HTS)

고압 감지 센서(HPS)

중압 감지 센서(MPS) & 고압 레귤레이터 & 릴리프 밸브

그림 30 수소탱크밸브

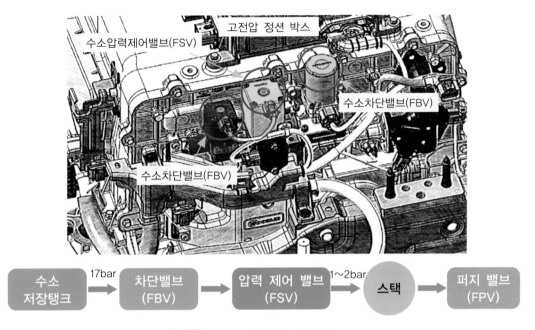

그림 31 수소공급제어 밸브작동 제어도

5) 연료차단밸브(FBV; Fuel Block Valve)

　그림 31과 같이 연료차단밸브는 고압레귤레이터(HPR)에 의해 압력이 저하된 17bar 의 수소를 스택으로 공급 및 차단하는 역할을 한다. 내부는 그림 32처럼 솔레노이드 밸브에 전기가 흐르면 플런저가 움직여 수소가 통과되는 방식이다. 전류의 흐름을 차단 하면 눌러졌던 스프링의 장력에 의해 플런저가 하강하여 수소 공급을 차단한다.

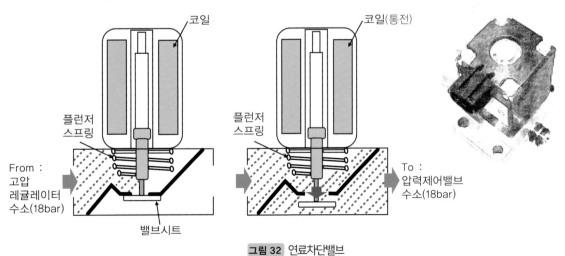

그림 32 연료차단밸브

6) 연료공급밸브(FSV; Fuel Supply Valve)

연료차단밸브에서 공급된 17bar의 연료의 압력을 감압하여 스택으로 보내는 역할을 한다. 일반적으로 17bar의 압력을 1~2bar로 저하시켜 최종적으로 이젝터로 공급하면 스택으로 유입된다.

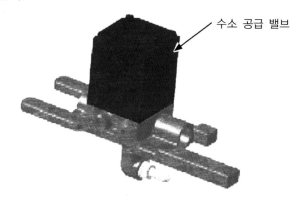

수소 공급 밸브

그림 33 연료공급밸브

7) 연료라인 퍼지밸브(FPV; Fuel line purge valve)

대기의 공기에 포함된 대부분의 성분은 질소이다. 따라서 스택 내부에서 공기와 수소가 만나면 미반응분의 수소연료에 질소가 섞여 있게 된다. 이는 수소의 순도를 떨어뜨리는 원인이 된다.

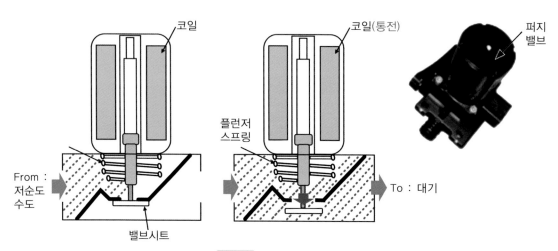

그림 34 수소 퍼지밸브

저순도의 수소를 재사용할 경우 전력효율이 떨어지게 된다. 따라서 이를 선별해서 배출할 수 있는 시스템이 필요하다. FCU는 수소센서가 실시간 측정한 수소 농도의 정보를 이용해 순도를 파악하고 저순도의 수소라고 판단되는 순간 퍼지밸브의 구동명령을 내려 배출하게 된다.

퍼지밸브는 스택의 전력생산에 직접적인 영향을 주는 까닭에 시동 및 주행 온도변화에 따라 작동 시간과 횟수를 다양하게 제어한다.

8) 연료도어 관련 장치

연료도어가 열려 있어 스위치 신호가 'open'으로 되면 안전상 계기판에 Ready 표시가 안된다. 또한 주행 중 고장으로 연료도어가 열리게 되면 차속이 "0km"가 되었을 때 Ready OFF 된다.

한편 수소 연료의 충전은 충전소에서 차량으로 고압의 수소를 이송하는 과정에 있으므로 연료의 온도와 압력을 모니터링 해야 한다.

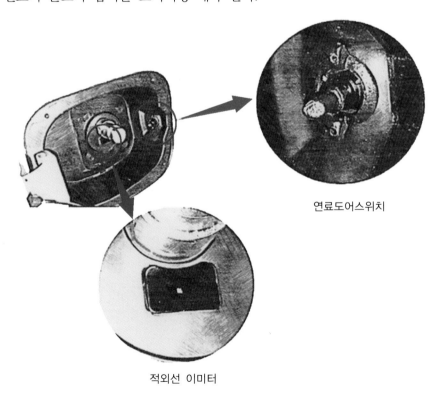

연료도어스위치

적외선 이미터

그림 35 연료도어스위치 & 적외선 이미터

이를 위해 적외선 이미터 방식을 이용한 통신을 하여 관련 정보를 주고받는다. 만일 적외선 이미터 방식의 통신이 고장일 경우 저속으로 충전이 된다. HMU는 적외선 이미터(HMI)를 통해 수소 충전소의 충전관리 시스템에 현재 차량의 수소 탱크 압력 및 온도를 전송한다.

이 정보를 수신한 충전소는 탱크 부하에 맞는 속도로 수소 충전을 조절한다.

4 생성수 배출제어

스택 내부는 수소극과 공기극으로 나눠서 있다. 수소와 산소의 화학반응에 의해 전기가 생산되고 공기극에 물이 생성된다. 이렇게 생성된 물은 앞서 언급했듯 버리지 않고 재활용을 하게 된다. 즉 스택에 유입되는 공기는 수분이 포함되어야 이온화가 쉬워져 전기 생성이 잘되기 때문에 가습기로 리턴하여 새롭게 들어오는 공기를 고온다습하게 만들어주는 역할을 한다.

또한 기준치 이상의 생성수가 발생될 경우 적절한 시점에 배출되지 못하면 수소 공급 문제를 일으킬 수 있고 결국 연료전지의 성능 및 내구성에 악영향을 미치게 된다.

이와는 반대로 생성수를 외부로 필요 이상으로 지나치게 많이 배출하면 응축수와 수소가 동시에 배출되어 수소 사용량 증대로 인한 연비저하를 일으킨다. 따라서 적절한 시점에 생성 수를 배출할 수 있도록 정밀한 시스템 제어가 필요하다.

이를 위해 그림 36과 같이 워터트랩을 장착하여 물을 포집하고 드레인 밸브를 통해 외부로 배출할 수 있게 한다.

1) 워터트랩

수소와 산소가 만나 전기를 만들어낸 후 발생되는 물을 저장해 놓는 장치다.

스택에서 전기를 만들고 배출되는 생성수가 워터트랩에 모이게 되어 일부는 가습기로 향하고, 수분이 일정한 양 이상으로 채워지면 수위센서가 이를 감지하고 드레인밸브를 통해 외부로 배출한다.

수위센서가 생성수의 레벨을 다단계에 걸쳐 측정하고 생성수의 양이 1/2 이상 트랩에 모이면 배출한다.

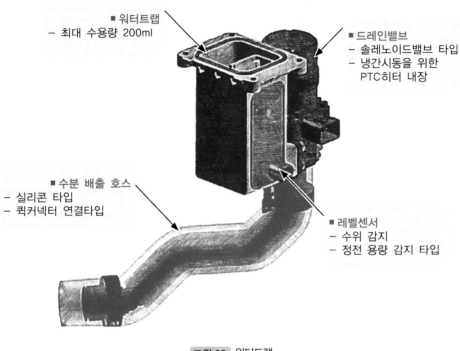

■ 워터트랩
– 최대 수용량 200ml

■ 드레인밸브
– 솔레노이드밸브 타입
– 냉간시동을 위한
  PTC히터 내장

■ 수분 배출 호스
– 실리콘 타입
– 퀵커넥터 연결타입

■ 레벨센서
– 수위 감지
– 정전 용량 감지 타입

그림 36 워터트랩

2) 생성수 레벨센서(FL20; Fuel Line Level Sensor Stack Outlet)

워터트랩에 저장된 물의 양을 계측한다. 일정 수준 이상 저장이 되면 생성수 레벨센서가 감지하여 FCU에 신호를 보낸다. 레벨센서의 원리는 전극이 물로 인해 발생되는 정전 용량의 변화를 감지하는 것을 응용했다.

높은 유전율을 가진 물질이 접근하면 센서는 증가하는 유전율을 감지하고, 전기 신호를 출력한다. 유전율은 유전체에 전기를 흘렸을 때 얼마큼 관통이 잘되어 전기가 저장이되는지를 의미한다. 물은 공기보다 유전율이 높다. 따라서 물통에 물이 가득 찬 것과 물이 부족한 만큼 공기가 채워진 물통은 전기의 유전율이 다르다 볼 수 있으며, 이를 이용하여 물의 양을 계측한다.

아래 그림은 비접촉식 수위 센서의 원리를 나타내었다. 센서 내부에 전극이 장착된 PCB 회로가 설계되어 있어 물에 의한 정전 용량의 변화를 전기적으로 감지할 수 있다. 센서 감지부 주변에 냉각수가 근접할 경우 유전율이 증가하게 되고 정전 용량 변화가 발생되면 회로에서 계측하게 된다.

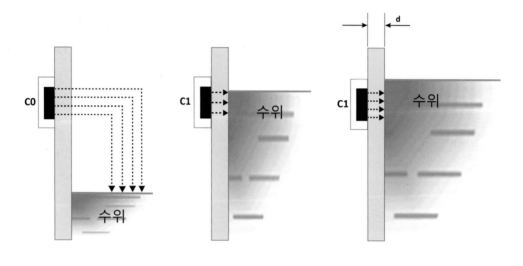

그림 37 생성수 레벨센서 원리

3) 드레인 밸브(FDV; Fuel Line Drain Valve)

드레인 밸브는 워터트랩에 저장된 물을 공기 공급 라인의 가습기로 배출하는 밸브이며 FCU의 명령에 의해 동작한다. 내부에는 밸브의 아이싱 현상을 막기 위해 히터와 밸브의 개폐상태를 모니터링하기 위한 위치 센서가 내장되어 있다.

수소전기자동차의 주요 열관리 대상은 **연료전지 스택**이다. 수소를 통한 고출력의 전력을 생산하는 환경에서도 최고 온도상승을 억제하고 스택 전반의 온도 분포가 균일하게 냉각시키는 것이 중요하다. 그림 38은 이러한 열관리 시스템을 나타낸 것이다.

스택 내부의 작동 온도에 영향을 미치는 2가지 요인으로 첫째는 **고분자막의 성능**, 둘째는 설계 시의 온도 특성에 따른 **설계 스펙**이다. 우선 고분자막의 경우에는 앞서 언급한 대로 어느 정도 수분을 유지해야 전기 생산이 가능하기 때문에 물의 특성을 고려해서 100℃ 이상을 넘어서는 안 되고 약 80℃ 정도에서 온도가 유지되어야 한다.

온도 특성의 경우에는 고출력 상황에서 발생되는 스택의 열을 떨어뜨리기 위해 수냉각 방식을 적용하는데 냉각계통의 반응속도나 관련 시스템의 성능 저하로 원활한 냉각이 이뤄지지 않아 목표로 하는 냉각 온도를 초과할 수 있다.

따라서 설계 시 냉각온도의 범위를 넓게 가져갈 경우 냉각이 쉬울 수 있으나 반면 불필요한 냉각 발생으로 시스템의 효율이 떨어질 수 있고 냉각온도의 범위를 좁게 가져갈 경우 연료전지의 효율은 향상되나 전술한 대로 스택의 전반적인 냉각이 이뤄지기 어려워 수명에 악영향을 줄 수 있다. 따라서 수소전기자동차의 주행환경과 사용범위에 따라 적절한 온도 설계 스펙을 설정해야 한다.

연료전지 냉각 시스템의 주요 구성요소는 라디에이터 및 쿨링팬, 이온제거장치, 실내히터 코어, 온도센서, 스택냉각수 펌프 등이다. 스택냉각수 펌프는 최대 6,000rpm으로 회전하여 냉각수의 동력 에너지를 생성한다. 라디에이터와 2개의 쿨링팬은 냉각수를 냉각시키는데 여기서 쿨링팬은 240V 이상의 고전압에 의해 구동된다. 각 냉각팬은 모듈 인버터와 결합되어 교류 주파수에 의해 속도가 제어된다.

결국은 냉각수의 회전으로 스택의 일정한 온도를 유지하게 되는데 냉간 시, 과열 시, 냉시동 시, 일반적인 온도 상황에서 냉각수가 흐르는 길목이 달라진다. 즉 내연기관의 서모스탯이 냉간 시 닫혀 냉각수의 열을 단시간에 끌어올리고 열간 시 개방되어 엔진을 냉각하는 것과 같은 이치로 볼 수 있다.

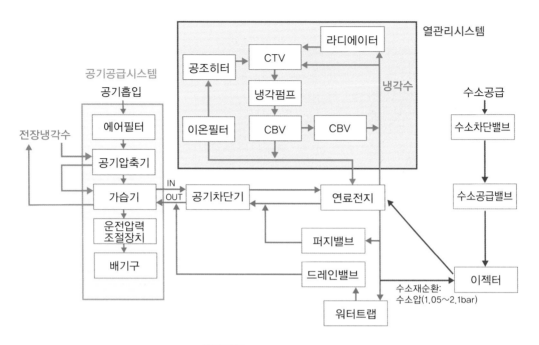

그림 38 열관리 시스템 제어도

그림 39와 같이 수소전기자동차의 냉각 시스템에서는 이러한 냉각수의 흐름을 제어하기 위해서 스택우회밸브(CBV; Coolant Bypass Valve), 온도제어밸브(CTV; Coolant Temperature Control Valve) 등을 사용하게 된다.

한편 냉각수가 전기를 생산해내는 스택을 경유하는 까닭에 불가피하게 냉각수 내에 이온이 잔존하게 된다. 이를 방치할 경우 냉각수의 전기 전도도 상승으로 절연이 파괴되어 누전을 일으킬 가능성이 크기 때문에 이온을 제거하는 이온 필터가 장착되어 있다.

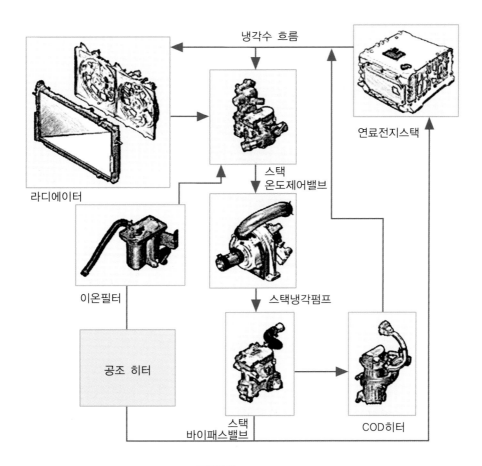

그림 39 열관리시스템

1 열관리시스템 주요 부품

1) 스택냉각수 펌프(CSP; Coolant Stack Pump)

그림 40은 스택냉각수 펌프를 나타낸 것으로 내연기관의 워터펌프와도 같은 역할이라고 보면 된다. 기존의 워터펌프는 타이밍 벨트에 의해 구동속도가 정해져 있었다면 스택냉각수 펌프는 전력을 이용해 무단에 가까운 제어가 가능하다.

위치는 스택 전단에 장착되어있고 내부 인버터를 통해 DC를 AC로 전환하여 교류 주파수 제어를 통해 모터의 스피트를 제어한다. 구동전원은 고전압 정션박스에서 250V~450V 공급받는다. FCU와 통신을 통해 회전수 명령을 전달받아 연료 전지 냉각 시스템의 냉각수 순환 압력을 만들어낸다.

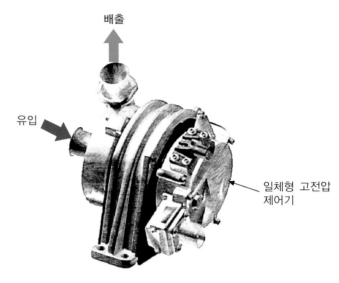

그림 40 스택냉각수 펌프(CSP)

2) COD cathode Oxygen Depletion 히터

연료전지 내부의 스택이 영하의 온도가 되면 결빙 현상이 발생하여 냉시동 성능이 저하된다. 또한 차량의 시동 off시 스택 내 잔류하는 수소와 산소를 제거해 주지 않으면 비정상적인 전력생산이나 스택 열화를 일으킬 수 있다. 이러한 이유로 인해 열관리 시스템 내에 그림 41과 같이 COD 히터를 장착하여 냉간 시동 시에 스택 내부의 온도를 높이고, 시동 off시 잔류하는 전기를 제거하게 된다. COD히터는 열을 생산할 수 있는 발열저항이 내부에 장착되어 있다. COD릴레이는 고전압 정션박스로부터 전원을 받아 COD히터로 공급한다. 4가지 주요기능을 정리하면 다음과 같다.

① 잔류전류 제거 기능

IG-OFF시 스택 내부에 남아있는 잔류전류를 COD히터 내부로 보내어 발열체를 이용해 남은 전류를 소모시킨다. 이를 통해 스택 내부의 셀의 내구성을 향상시키고 안전성을 유지할 수 있다.

② 냉 시동시 웜업 기능

앞서 언급한 냉시동 상황에서 냉각수를 COD히터로 유입하여 내부 발열체를 이용해 웜업 시킨다. 영하의 온도에서 일정 시간동안 COD히터를 작동시켜 냉각수를 가열한다. 이때 계기판 문구는 '시동 대기 중입니다.'라고 출력한다.

③ 회생제동에 따라 발생되는 잔류전류 제거기능

회생제동에 의해 모터는 발전기로 전환되며 이에 따라 생산된 전기가 배터리를 충전하고 남는 경우가 발생한다. 이를 소진해야 시스템과 배터리가 보호되는데 이 때 COD히터로 회수시켜 내부 발열로 자체 소진하게 한다.

④ 위급 추돌 상황 시 고전압 제거기능

수소전기자동차가 충돌 상황이 발생되면 내부 절연이 파괴되어 고전압이 외부로 유출될 가능성이 있다. 따라서 내부 절연이 파괴되면 잔여 전기를 COD히터 측으로 회수시켜 소진하게 한다. 위급한 상황의 경우 60초에 60V 이하로 감압 가능하다.

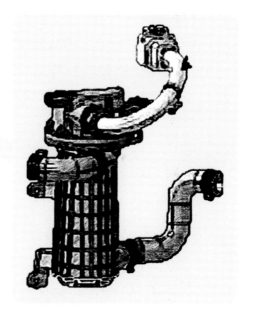

그림 41 COD 히터

3) 이온 필터(CIF)

앞서 언급한 화학의 기초 부분에서 이온화 과정은 전자의 이동을 의미한다고 했다. 이는 곧 전기 발생을 말한다. 결국 스택의 셀에서는 이러한 이온화 과정이 반복되며 전기가 생산된다. 한편 400V를 생산해내는 스택의 냉각을 담당하는 냉각수의 경우는 직간접적으로 이온에 노출될 수밖에 없고 이에 따라 냉각수의 전도도가 높아져 외부로 전기를 누출할 가능성이 크다. 이를 사전에 방지하기

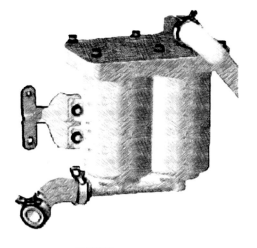

그림 42 이온 필터

위해 그림 42와 같이 이온필터를 장착하여 냉각수에 잔존하는 이온을 제거한다. 주의할 점은 스택 내부를 이동하는 냉각수의 경우 전기전도도가 일반 전장 냉각수보다 매우 낮아 둘을 섞어 사용할 경우 절연저항 파괴로 차량이 운행되지 않는다. 이온 필터는 교환 부품으로 주기는 60,000km이다. 그림 43에서 적색으로 표기된 부분은 이온필터 순환회로이다.

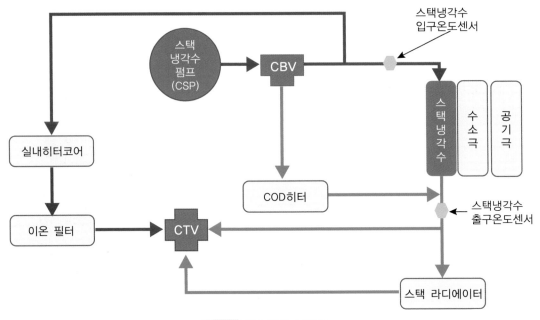

그림 43 이온 필터 순환회로

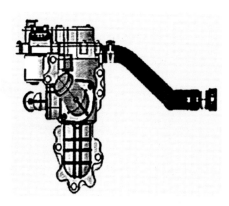

그림 44 CBV(Coolant Bypass Valve)

그림 45 CTV(Coolant Temperature Control Valve)

2 냉각수 라인 시스템

그림 46과 같이 스택을 기준으로 냉각수 라인이 배치되어 있으며 열관리 시스템이 운용된다.

한 라인 내에서 냉간과 열간 제어가 가능하기 위해서는 냉각수의 방향을 컨트롤할 수 있는 그림 44의 3WAY 밸브(CBV; Coolant Bypass Valve), 그림 45의 4WAY 밸브(CTV; Coolant Temperature Control Valve)가 장착된다.

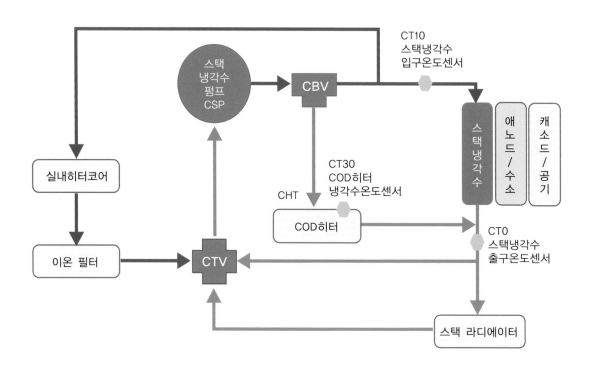

그림 46 열관리 시스템

1) 냉각수 회로

스택 내부에서의 냉각수 흐름 제어는 3가지 정도로 분류되며, 일반운전 상황 시와 과열 시, 냉시동 시로 구분된다. 그림 47은 냉각 회로의 이해를 위해 단순하게 정리한 그림이다. 여기서 스택을 중심으로 스택냉각수 입구온도센서와 스택냉각수 출구온도센서가 장착되어 스택으로 유입, 유출되는 냉각수 온도를 측정하고 이를 기반으로 각 밸브를 제어하게 된다.

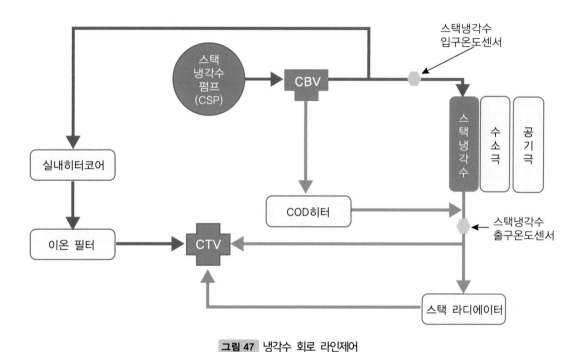

그림 47 냉각수 회로 라인제어

① 일반 운전 시

현재 상황은 무부하 상황의 일반적인 평지구간 주행으로 비냉간, 비열간 상황임을 가정한다.

스택 냉각수 펌프(CSP)에서 펌핑된 냉각수는 냉각수 바이패스 밸브(CBV)로 유입 통과한다. 이때 CBV는 COD 히터 측으로 유출되는 채널을 막는다. 따라서 냉각수는 CBV에서 스택으로 직접 유입되어 냉각 작용을 마치고 냉각수 온도컨트롤밸브(CTV)로 유입된다.

CTV에서는 현재 냉각수 온도가 상승하지 않은 상태이므로 스택 라디에이터를 경유하여 유입되는(냉각이 완료된 냉각수) 채널을 막고 스택냉각수 펌프측으로 직접 연결하여 냉각수가 순환되도록 한다.

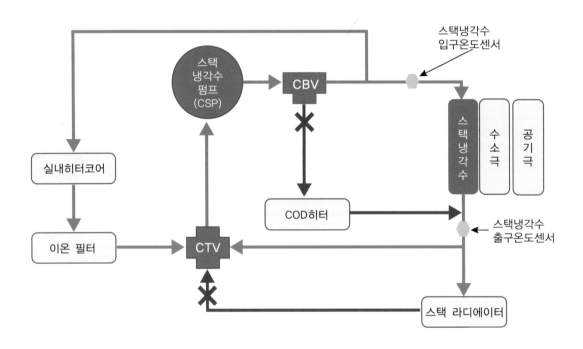

그림 48 일반 운전시 냉각라인

② 과열 운전 시

현재 상황은 비냉간, 열간 상황임을 가정한다.

스택 냉각수 펌프(CSP)에서 펌핑된 냉각수는 냉각수 바이패스 밸브(CBV)로 유입 통과한다. 이때 CBV는 COD히터측의 채널을 막는다.

따라서 냉각수는 CBV에서 스택으로 직접 유입되어 냉각 작용을 마치게 되는데 냉각수가 열화된 상태에서 스택라디에이터로 유입되고 냉각이 이루어진다.

이때 CTV에서는 현재 냉각수 온도가 상승 상태이므로 스택라디에이터를 경유하는 채널을 열어 냉각수 펌프 측으로 직접 연결하여 적절히 냉각된 냉각수가 순환되도록 한다.

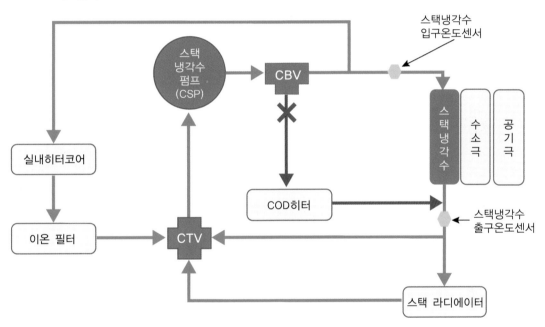

그림 49 과열 운전시 냉각수 회로 라인 제어

③ 냉 시동 시 냉각수 흐름

현재 냉간 상태에서 시동임을 가정한다.

스택 냉각수 펌프(CSP)에서 펌핑된 냉각수는 냉각수 바이패스 밸브(CBV)로 유입된다. CBV에서 스택으로 향하는 채널을 차단하고 COD히터로 향하는 채널을 연다. COD히터에 유입되는 차가운 냉각수는 히팅되어 CTV를 경유하여 스택 냉각수 펌프로 유입되어 다시 순환하게 된다.

이때 스택 내부는 CBV의 차단에 의해 냉각수가 공급되지 않은 상태에서 스택 내부의 자체 발열로 히팅된다.

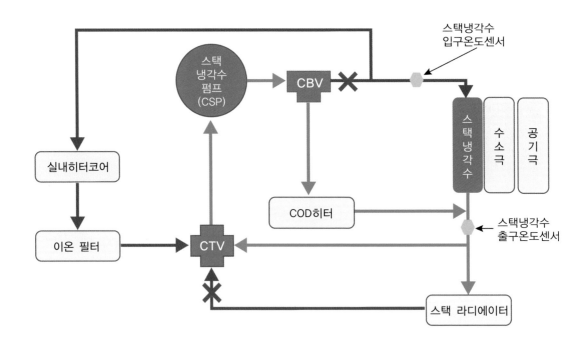

그림 50 냉 시동 시

2) 전장냉각라인

수소전기자동차에서 스택 냉각 시스템과 더불어 고전압을 사용하는 각종 부품을 냉각하는 전장냉각수라인이 있다.

시작은 동일하게 스택 냉각수 펌프이며, 2가지 냉각 채널로 분산되어 BHDC (Bi-Directional High Voltage DC-DC Converter)와 공기 블로어, 공기 쿨러를 통과해 얻어진 열을 전장라디에이터에서 냉각시킨다.

또 다른 한 측은 BPCU(Blower Pump Control Unit)와 구동 모터, 인버터를 거쳐 동일하게 전장 라디에이터로 유입되어 냉각된다.

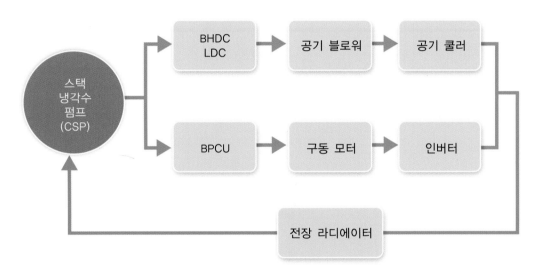

그림 51 전장 냉각수 회로

자동차산업, 고통없이 미래 없다

· · · · · · · · · · · · · · · ·

동아일보

독일은 통일 이후 고임금과 저효율의 노동 문제, 강한 노동조합, 내수시장 축소 등에 직면했다. 정치적인 반발이 거셌지만 의료보험 혜택과 연금을 삭감하는 대신 기업이 투자와 고용을 약속하게 만드는 정책을 폈다. 자동차를 적은 비용으로 생산하는 체제로 바꾼 것이다. 이런 노력은 가격경쟁력으로 이어져 현재까지도 자동차 강국을 유지하는 원동력이 됐다. 물론 세계적인 경제 호황과 시점도 무시할 수 없지만 노동자가 더 많은 시간 일하고 임금을 줄이면서도 유연한 노동 환경을 받아들였다. 기업은 투자를 보장하고 대량 해고를 막아 서로 이해하며 고통을 감내했다.

국내 자동차 산업은 어떤가. 조선을 통과한 불황의 여파가 밀어닥치고 있다. 이면에는 노동자와 회사 모두 인내하지 않으려는 심리가 깔려 있다. 최근 광주형 일자리가 무산된 것을 보며 각자도생의 길에 대한 주장만 하는 것을 알 수 있다. 그들이 주장하는 모든 의견은 사실 합리적이고 맞다. 그러나 주장만 앞세우면 해결될 수 없다. 고통을 감내하며 책임지는 모습을 보여야 미래를 말할 수 있다. 노동자는 기업을, 기업은 노동자 입장에서 생각해야 한다. 현 상황에서 노동자에게 임금을 삭감하고 익숙하지 않은 생산 라인에서 근무하라는 설득이 먹혀들지 않을 것이다. 기업은 수익이 떨어진다고 해서 당장 근로자부터 해고하려는 유혹을 이겨내고 신차에 투자하는 비용을 늘려 일자리를 창출하는 방안을 선택하기 어려울 것이다. 그러나 이런 흐름으로 가면 몇 년 내에 녹슨 자동차 공장을 손으로 만지고 있을지도 모른다. 지난 분기 자동차 영업이익률은 1%에 불과했다. 100원어치를 팔면 1원 남는 장사를 한 것이다. 앞으로도 순탄하지 못하다. 태평양 한가운데에서 배에 물이 들어오기 시작했다. 지금의 형국은 구멍을 애써 외면하며 각자 살고자 다른 방향으로 노를 젓고 있는 것과 같다. 구멍부터 막아야 하는 게 아닌가.

자동차 산업의 특성상 조금만 경영이 위태로울 경우 거대 자본이 인수하고 통합한 후 거머리처럼 핵심 기술을 빼앗고 껍데기만 남은 기업은 철저하게 도태시킨다. 이미 한 자동차 회사는 자력으로 일어설 수 없어 막대한 정부 예산을 투입하려는 수순을 밟고 있다. 골든타임이라는 표현이 있다. 살리기 위한 마지노선의 시간으로서 이젠 얼마 남지 않았다. 곧 다가올 미국발 금리 인상의 여파와 개정된 자유무역협정(FTA)을 통한 관세 인상, 하루가 다르게 우리의 자동차 시장을 넘보는 중국, 거리상으로도 얼마든지 물량 공세를 펼 수 있는 일본까지 우리의 시장을 노리고 있다.

전력 변환 흐름

전력 변환 흐름

　수소전기자동차는 영어로 FCEV(Fuel Cell Electric Vehicle)이며, 전기자동차는 EV(Electric Vehicle)이다. 공통된 단어는 'EV'인데 결국 수소전기자동차는 전기자동차의 핵심부품을 모두 가지고 있다.

　한편 수소전기자동차에서 운용되는 전압의 종류는 기존의 내연기관, 하이브리드 자동차, 전기자동차에 비해 400V와 240V, 12V까지 다양하다.

　이 전압들은 모터를 돌리고 경음기를 작동시키고 와이퍼를 움직이는 등 필요한 곳곳에 상승(승압) 또는 하강(감압)하며 직류를 교류로 전환하고 때로는 교류를 직류로 전환하면서 각각에 공급된다. 또한 여분의 전기는 배터리로 회수해 충전 보관하게 된다.

　이러한 각 과정에서 발열은 피할 수 없으며 적절한 냉각이 필요하다.

　우리가 오직 12V를 사용했던 내연기관 시절과는 다르게 수소전기자동차는 대용량 모터를 돌리고 회생제동을 통한 전기 에너지를 회수하는 등에 필요한 고전력에서부터 일반 12V 기반의 전장부품에 필요한 저전력까지 다양한 전장품이 존재하고 그에 맞게 여러 가지 전압, 전류, 주파수 등을 요구한다.

　이를 변환시키는 주요 전력변환 장치로는 그림 1과 같이 인버터와 컨버터가 있다. **인버터**는 대게 출력을 교류로 변환시키는 장치이고 **컨버터**는 출력을 직류로 변환시키는 장치이다.

　인버터의 주요 제어 대상은 3상 교류모터로써 전기자동차와 수소전기자동차, 하이브리드 자동차에 들어가는 모터의 속도를 제어하는 데 활용된다. 컨버터의 경우는 고전압배터리에서 출력되는 직류 고전압을 저전압 12V 직류로 낮추거나 이와는 반대로 고전압 배터리에 충전할 때 저전압을 상승시키는 역할을 한다.

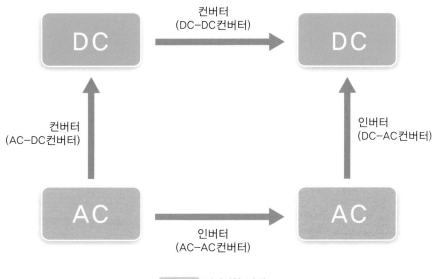

그림 1 전력변환 관계

그림 2는 수소전기자동차의 각 전력의 흐름을 알기 쉽게 정리한 것이다.

그림 3에서부터 그림 6까지는 시동, 등판, 평지, 내리막길과 같은 상황에서 전력의 변환과 감압, 승압과 전달과정을 분석한 것이다.

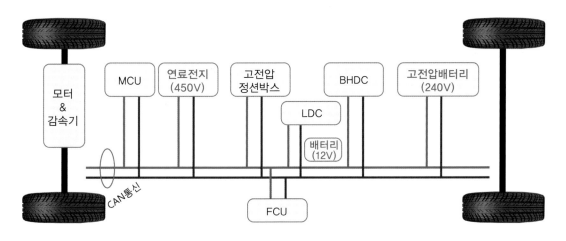

그림 2 수소전기자동차 전력변환 관계

시동 시

SMK(Smart Key System)를 통해 시동 신호가 FCU에 전달되면 FCU는 고전압배터리(240V)의 작동명령을 보낸다. 이때 고전압배터리 내부의 전원으로는 구동모터를 돌릴 수 있는 토크가 부족하므로 BHDC를 통해 240V에서 450V로 승압하여 고전압정션박스로 보낸다. 여기까지의 전력은 DC가 운용된다. 따라서 3상교류모터의 속도를 제어하기 위해 MCU는 직류를 교류로 전환시켜 모터를 구동하게 된다.

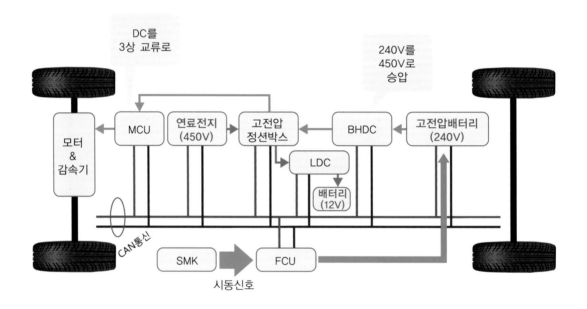

그림 3 수소전기자동차 시동 시 전력변환

등판 주행 시 기본적으로는 스택에서 생산되는 전기를 활용하되 부족할 경우 고전압 배터리의 지원을 받는다. 여기서 고전압 배터리는 240V이므로 연료전지의 450V의 전압을 지원하기 위해서는 BHDC에 의한 승압 과정을 거쳐 고전압 정션박스로 보내진다.

여기까지는 직류의 과정에 있으며, 모터를 돌리기 위해서는 MCU에서 최종적으로 교류로 전환된다.

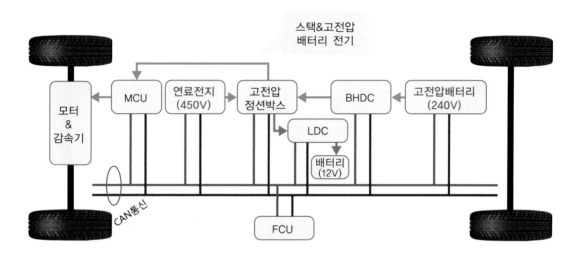

그림 4 수소전기자동차 등판 주행 시 전력변환

평지 주행의 경우는 무부하, 무가속 조건이므로 스택에서 생산되는 전기를 활용하고 잔여분이 발생하게 된다. 이를 회수하여 고전압 배터리에 충전함으로써 에너지 효율을 높인다. 여기서도 BHDC가 관여하는데 스택의 450V 고전압을 적절하게 감압시켜 240V의 고전압 배터리로 충전하게 도와준다.

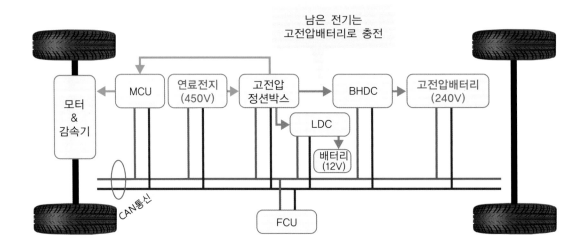

그림 5 수소전기자동차 평지 주행 시 전력변환

● 내리막길 주행 시 ●

내리막길 주행 시 회생제동 기능에 의해서 구동모터는 발전기로 전환되어 전기를 생산하게 된다. 이때 발생하는 전기는 교류로써 배터리를 충전하기 위해서는 직류 변환 과정을 거쳐야 한다. 이를 위해 MCU는 교류를 직류로 전환하며 최종적으로는 고전압배터리에 충전된다.

한편 고전압배터리가 완전히 충전된 상황에서 회생제동에 의한 전기 생산이 초과하여 발생될 경우 과충전으로 인한 안전 문제가 발생될 수 있다. 이럴 경우 잔여분의 전기를 COD히터로 보내어 자체적으로 소진시킨다.

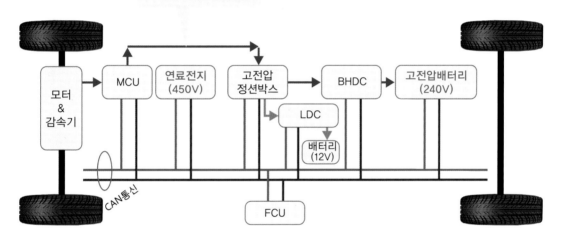

그림 6 수소전기자동차 내리막길 주행 시 전력변환

자동차 전력변환 정리

전력의 형태를 사용하는 용도에 따라 변환시켜 주는 시스템(AC/DC ↔ DC/AC)으로써 전압, 전류, 주파수, 상(phase) 가운데 하나 이상을 전력손실 없이 변환하는 것을 말한다.

┃표┃ 전력변환 이론

종류	관련 부품	제어 내용
AC	구동모터	• 구동 토크 발생 • 감속기 및 MCU일체형
DC-AC	인버터 (MCU)	• 차량의 구동 모터 제어 • 구동 및 회생토크 제어 • 스택 및 고전압배터리 DC를 ↔ 모터구동을 위해 3상AC로 변환 / 회생제동시 반대로 전환 (고정자의 전압 주파수 제어를 통해)
DC-DC	컨버터 (LDC & BHDC)	• LDC(차량의 12V 전장 전원 공급 및 보조배터리 충전) • BHDC(고전압 배터리의 전력제어, 시동 시에 고전압공급)

 LDC 시스템 이론

1) 교류 : AC Alternating current

① **정의** : 전류의 크기나 전압의 크기가 시간에 따라 변화하는 전류원

② **장점** : • 발전소에서 교류전류 생성

　　　　　• 모터 등에서 회전자기장 만들기가 용이함

　　　　　• 송전 시 전력손실이 적음

　　　　　• 변압기를 이용해서 전압을 자유자재로 변화시키기 용이
　　　　　　(110V ↔ 220V)

2) 직류 : DC Direct current

① **정의** : 전지에서의 전류와 같이 항상 일정하게 흐르는 전류
② **장점** : • 배터리 등을 이용하여 저장하기가 용이함
　　　　　• 효율이 좋다
③ **단점** : • 전압변화가 상대적으로 어렵다
④ **용도** : 모든 건전지, 휴대폰, PDA
　　　　※ 휴대폰충전기는 교류를 직류로 바꾸는 장치이다

3) AC-AC변환기 : 변압기

전압을 필요한 값으로 변환하는 장치로 '**트랜스**'라고 한다. 전압의 변환은 동시에
전류의 변환을 의미하며 필요한 전류를 얻기 위해 변압기를 사용하지만 대개의 경우
전압 변환이 목적이다.

●●● 수소충전소 알기 2

수소충전소가 수소를 공급받는 방식 중 다른 하나는 **중앙공급방식(Off-site) 충전소**가 있다.
충전소 외부에 위치한 수소제조설비에서 생산한 수소를 압축 혹은 액화하고 이를 운반하여 충전소
저장공간에 공급하는 방법이다. 일체형(On-site)방법에 비해 충전소 설치비용이 적게 들고 구조가
간단하다.

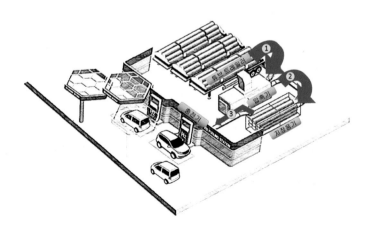

2 전력변환 부품의 원리

1 인버터

1) 인버터의 기능

우리가 주위에서 쉽게 볼 수 있는 인버터는 에어컨 실외기에 장착되어있다. 요즘 출시되는 에어컨 방식을 인버터 에어컨이라 부르는 것은 바로 실외기에 달린 선풍기 날개 같은 팬의 속도를 조절하는 방식을 의미한다. 여기에서 인버터는 모터의 속도를 조절하는 역할을 하는데 주파수 변환을 이용한다.

그림 7과 같이 과거 인버터를 사용하기 전에는 팬의 속도를 조절하는 단계가 단순하게 정해져 있었다. 추우나 더우나 모터의 속도를 세밀하게 조절할 수 없어 전력 손실이 매우 컸다. 하지만 그림 8과 같이 인버터 방식이 나오면서 설정 온도에 맞게 모터의 속도를 세밀한 듀티 제어가 가능함에 따라 전력 손실을 줄이고 효과적으로 제어할 수 있게 되었다.

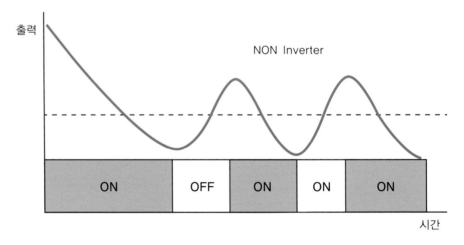

그림 7 ON/OFF 단순 제어

한편 인버터의 또 다른 기능은 직류를 교류로 전환하는 것이다. 수소전기자동차에서는 스택에서 만들어진 전기와 고전압배터리에 충전된 전기 2가지를 적절히 조절해서 교류 모터를 돌리는데 이 2개의 전원은 모두 직류이다. 따라서 모터구동을 위해 교류로 전환하고 전환된 교류의 주파수를 조절하여 모터의 속도를 제어하는데 인버터를 활용한다.

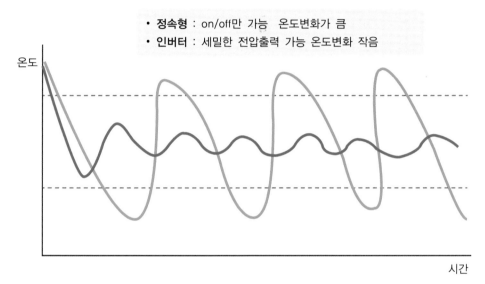

그림 8 인버터 시스템의 정밀 제어

2) 직류에서 교류로 전환

그렇다면 직류 전기를 어떤 원리로 교류로 전환하는 것인가?

아래의 그림을 보자. 배터리와 전구 그리고 스위치가 총 4개(S1, S2, S3, S4)로 구성된 회로다. 배터리의 전원과 접지는 스위치 작동 조합에 따라 연결되어 회로가 구성되고 전구에 불이 들어오게 된다.

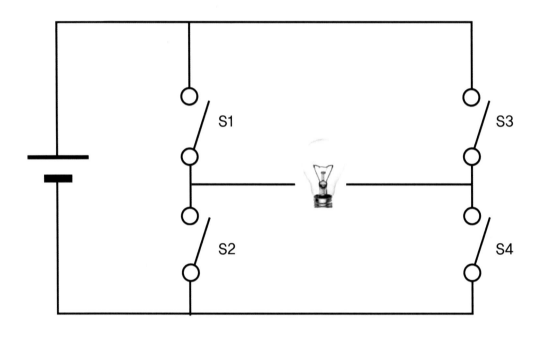

그림 9 DC AC전환 회로1

그림 10과 같이 S1과 S4의 스위치를 닫고, 그림 11과 같이 S2와 S3의 스위치를 닫으면 각각 전원과 접지의 방향이 직류의 형태에서 교류의 형태로 전환된다.

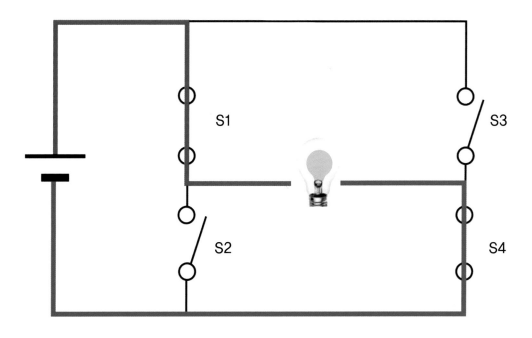

그림 10 DC AC전환 회로2

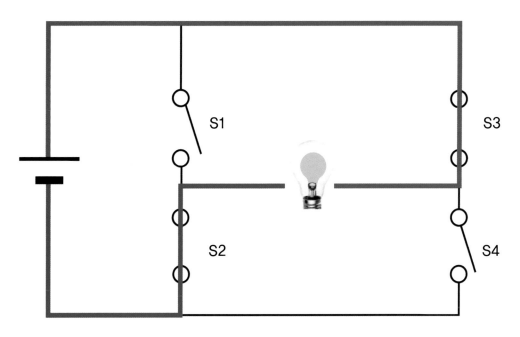

그림 11 DC AC전환 회로3

즉 배터리 전원과 접지는 고정되어 있지만 부하(전구)를 중심으로 회로에 유입되는 전원 접지를 스위치에 의해 제어할 경우 교류와 동일하게 전류의 방향을 바꿀 수 있게 된다.

여기서는 이해를 돕기 위해 단순 스위치를 예로 들었으나 수소전기자동차의 경우에는 400V를 상회하는 직류를 빠른 속도로 교류로 전환해야 하기 때문에 그림 12와 같이 IGBT(Insulated gate bipolar transistor)를 사용하게 된다. 이 소자는 트랜지스터의 한 종류인데 전기가 잘 통하고 출력손실이 없는 소자로 유명하다.

구동 원리는 우리가 알고 있는 트랜지스터와 같다. 베이스에 해당하는 게이트(G)에 전원이 인가되면 컬렉터(C)에 대기하고 있던 전원이 이미터(E)로 흐르게 된다.

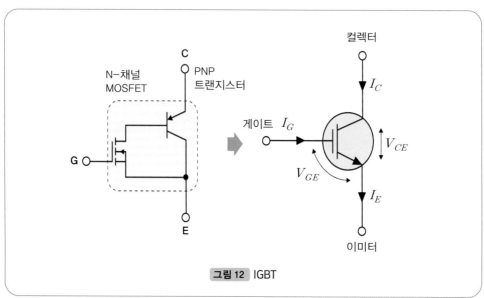

그림 12 IGBT

따라서 그림 13과 같이 IGBT를 활용하여 회로를 구성할 경우 직류전기를 교류로 전환 가능하게 된다. 한편 그림 14는 실제 IGBT를 활용하여 고전압 배터리의 직류 전원을 교류로 전환한 회로이다.

3상의 교류로 전환하기 위해서는 IGBT가 총 3쌍이 필요하며 각각의 타이밍에 따라 스위치가 작동하면 고전압의 직류가 3상 교류 모터가 작동 가능한 전력으로 전환된다.

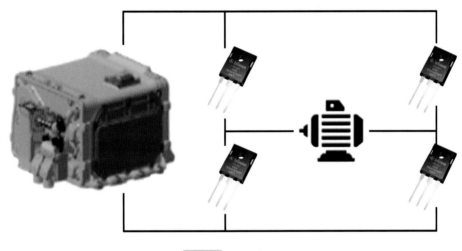

그림 13 IGBT 회로

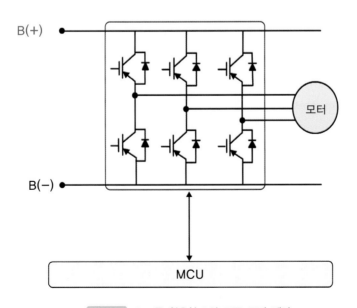

그림 14 IGBT를 활용한 3상 교류 모터 제어

3) PWM을 이용한 모터속도조절

모터의 속도는 어떻게 조절할까? 많은 제어 방법이 있지만 여기서는 주로 자동차에 이용하는 PWM(Pulse Width Modulation) 제어에 대해 알아본다. 내연기관에서 PWM제어는 여러 분야에 적용되었고 대표적인 사용처는 라디에이터 냉각팬 속도 조절이다. 과거 구형 차량에서는 냉각팬을 조절하는 방식이 단순했다. 배터리 전원에 저항을 달아서 전압을 조절하는 방식이었다. 하지만 시시각각 변동하는 엔진의 온도에 대응하기 위해서는 냉각팬 모터의 속도를 다단계로 제어해야 했고 여기에 사용된 제어 방식이 PWM제어가 되겠다. 결국 이 방식으로 수소전기자동차의 인버터에서는 모터의 속도를 조절하게 된다.

PWM 제어는 무엇일까? 글자 그대로 보면 '**파형의 폭을 조정한다**'로 해석된다.

이를 이해하기 위해서는 파형의 의미에 대한 이해가 선행되어야 한다.

아래 그림은 일정 시간 동안 만들어지고 있는 파형을 나타낸다.

지금부터는 PWM제어를 이해하기 위해 파형의 기초 부분을 다루려고 한다.

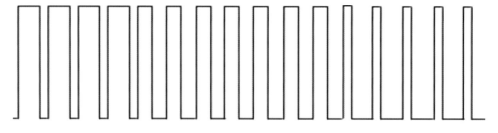

그림 15 파형

뭐 기초 부분이라고 해서 두려워할 필요 없다. 기존에 여러분들이 지나쳐온 많은 이론을 그냥 정리해보는 수준이라고 생각해보자. 여러분들은 파형을 만나면 꼭 들어왔던 2가지의 단어가 있다. 주파수와 주기다. '주파수와 주기가 뭡니까?' 이렇게 질문하면 여러분들은 씨익 웃으면서 '그것도 모르냐'고 저자를 째려볼지도 모르겠다. 뭐 당연하다.

그렇다면 다시 여러분께 묻겠다. '이 책을 당장 덮고 흰 종이에 파형을 그리고 거기서 주파수와 주기가 무엇인지 한 번 설명 좀 해봐!'

사실 내가 이렇게 물어보는 이유가 있다. 대학에서 학생들에게 자동차 전기를 가르칠 때 주파수와 주기에 대한 개념을 제대로 가지고 있는 사람이 생각보다 적다는 사실을 느꼈기 때문이다. 대부분 주파수에 대해서 물어보면 '그……, 진동수 아닙니까?'라고 대답이 돌아온다. 맞다. 사실 서적에서 주파수는 파형의 진동수라고 많이 서술되어 있다. 맞는 말인데 직접적으로 다가오진 못한다.

"난 주파수를 1초당 파형의 개수라고 말해주고 싶다."

그렇다면 주기는 무엇인가?

난 주기를 1개의 파형이 만들어지기 위한 시간이라고 말해주고 싶다.

그림 15의 파형을 분해하고 확대하면 그림 16과 같다.

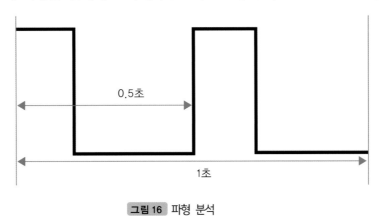

그림 16 파형 분석

위 파형은 ⎍ 이렇게 생긴 파형이 2개가 붙어있는 꼴이다. 이때 가로축을 주목해 보면 1개의 파형이 만들어지는 데 걸리는 시간은 얼마인가? 맞다. 0.5초다. 주기 설명 끝. 그러면 1초에 파형의 개수는 얼마인가? 맞다 2개이다. 그래서 2Hz. 주파수 설명 끝. 결국 라디오 주파수 99.9MHz의 의미는 1초에 파형의 개수가 99.9의 10의 6승 개가 있다는 것으로 다시 말하면 1초당 파형의 개수가 99,900,000을 의미한다.

자. 그렇다면 한 걸음 더 나아가서 듀티 비율(Duty ratio [%])을 알아보자. 듀티 비율은 다음과 같다.

한 주기 안에서 신호가 on 되어 있는 시간의 비율이다.

이 비율은 플러스(+) 비율과 마이너스(-) 비율이 있으며 각각을 (+)듀티, (-)듀티라고 부른다. 파형으로 확인하면 아래와 같다.

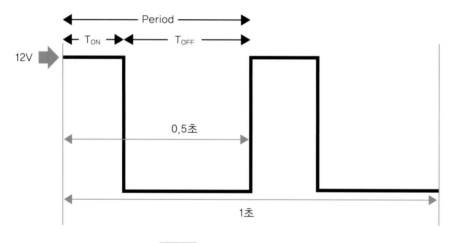

그림 17 파형의 주기 및 주파수

위의 파형에서 T_{ON}은 1주기에서 신호가 ON되는 시간 비율로 (+)듀티에 해당하며, T_{OFF}는 1주기에서 신호가 OFF되는 시간 비율로 (-)듀티에 해당한다. 그런데 바로 이 (+)듀티, (-)듀티를 바꾸면 출력되는 전체 전압을 바꿀 수 있다.

다시 말해 시간에 해당하는 (+)듀티, (-)듀티의 폭을 바꾸면 전압 출력이 바뀌게 되는데 이게 바로 파형의 폭을 바꿔 출력 전압을 바꾼다는 PWM제어와 일맥상통한다.

그림 17의 각각의 인자를 가지고 만들어진 공식을 통해 명확해진다.

$$\text{Duty Cycle} = \frac{T_{ON}}{T_{ON} + T_{OFF}} \times 100$$

위의 Duty Cycle 공식에서 T_{ON}이 0.2초, T_{OFF}가 0.3초라고 가정하면 위의 공식을 통해 듀티 사이클은 40%가 된다. 따라서 12V의 40%에 해당하는 전압은 4.8V가 출력된다.

결국 이러한 방식으로 한 주기 내에서 T_{ON}의 값(파형의 폭)을 조절하면 거의 무단에 가까운 전압을 만들어 낼 수 있으며 이를 통해 모터의 속도를 조절할 수 있게 된다.

바로 이 제어가 PWM제어가 되겠다.

2 회로 소자의 이해

1) 코일과 콘덴서

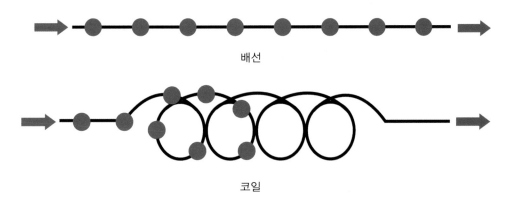

배선

코일

그림 18 코일의 원리

여기 배선과 코일에 각각 전하 8마리가 흘러간다고 가정해보자.

배선의 경우는 직선으로 되어있어 8마리의 흐름은 매우 원활하기 때문에 쉽게 배선의 끝에 도달 가능하다. 그러나 코일의 경우는 이동해야 할 경로가 길기 때문에 같은 속도라고 해도 멀리 못 간다. 즉 코일은 전류의 흐름을 지연시키는 기능을 담당한다. 이를 어려운 말로는 '전기의 관성을 유지한다'라고 하며, 주목적은 전류제어에 활용된다.

어디에 사용할까? 우리가 사용하는 전기제품을 끄거나 킬 때 서지 전압이라고 해서 큰 전압이 왔다 갔다 하면 쉽게 망가진다. 여기에 코일이 들어가면 전류를 서서히 차단하거나 공급하여 제품의 수명을 연장할 수 있다.

또한 코일은 저주파수에 해당하는 직류는 통과시킬 수 있으나 고주파 신호인 교류는 차단하는 역할도 한다. 당연하다. 코일의 길이가 일반 배선보다 더 길다는 가정 하에서 전하의 움직임이 클수록 이에 반작용으로 저항하는 힘이 있기 때문이다. 따라서 주파수가 높을수록 여기에 비례히어 움직임을 방해하는 힘이 커지므로 고주파수에 해당하는 교류는 통과하기 어렵게 된다.

그림 19와 같은 물이 순환하는 회로가 있다. 내부에는 물의 동력을 만들어주는 펌프가 있고 물레방아가 있다. 여기서 물레방아는 전기회로의 코일과 같은 기능을 한다.

먼저 전기와 물은 성질이 비슷하다.

저항이 적은 쪽으로 흐르려는 성질이 바로 그것이다.

즉 흐르기 편한 쪽으로 흐르는 성질이다.

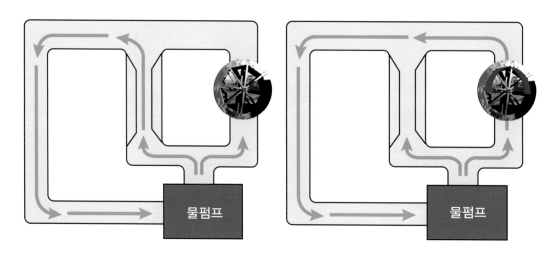

그림 19 코일의 성질

우선 그림 19의 왼편 수로를 보자. 물 펌프에서 만들어진 수압은 두 갈래 길에서 갈린다. 관이 좁은 부분관 물레방아로 나뉘는데 처음엔 물레방아가 멈춰있어 이를 돌리기 위해서는 많은 수압이 필요하다. 즉, 저항이 상대적으로 크다.

따라서 물은 관이 좁은 통로를 통해 흐르게 되고 일부는 물레방아 쪽으로 흘러 멈춰있는 물레방아를 움직이게 하는 수압으로 작용한다.

이윽고 그림 19의 오른쪽 그림처럼 물레방아가 관성을 이기고 회전하게 되어 일정 속도에 도달하게 되면 더 이상 물레방아는 저항이 아니며 오히려 흐르는 물을 더욱 잘 흐를 수 있게 하는 역할을 하게 된다.

이때부터 물은 물레방아가 있는 관을 통해 흐르게 된다.

만일 그림 20과 같이 물펌프 동작이 멈추었다고 가정해보자.

펌프에 의해 그동안 만들어온 수압이 정지되더라도 물레방아는 회전 관성에 의해 멈추지 않고 관성 에너지가 완전히 소모될 때까지 회전하여 물을 회로 내에서 움직이게 한다.

즉 일정 시간 물펌프의 기능을 가지게 된다.

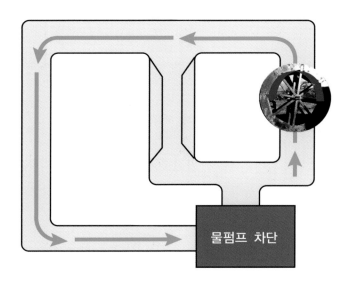

그림 20 코일의 성질

이번에는 그림 21과 같이 코일이 포함된 회로를 통해 비교해 보자.

코일의 전류가 통과하기에는 초반 저항이 강해서 시간이 필요하다.(마치 앞서 살펴본 물 회로에서 물레방아가 처음 정지해있던 모습과 동일하다.) 따라서 저항이 적은 전구 측으로 전류가 흐르고 회로가 형성된다. 이때 코일에는 점진적으로 전기가 충전되고 있다.

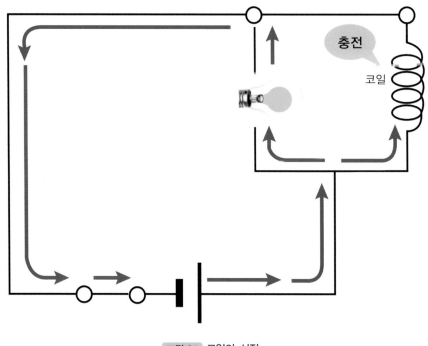

그림 21 코일의 성질

그림 22와 같이 코일의 전류가 완전히 충전되면 코일의 저항은 '0'에 가까워지고 결국에는 전기가 코일을 통해서 흐르며 전구 쪽으로는 전원이 차단되어 꺼지게 된다.

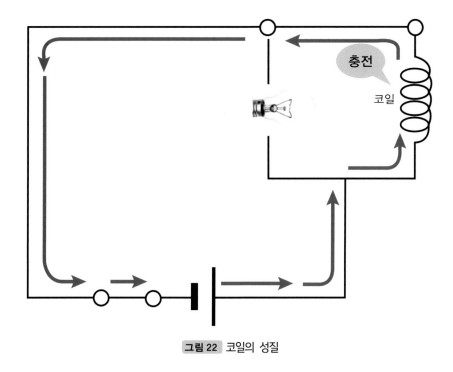

그림 22 코일의 성질

그림 23과 같이 코일의 전류가 완전히 충전된 상태에서 스위치를 off하면 전원이 차단되는데 이때 코일에 충전된 용량만큼의 전류가 전구로 흘러 점등된다.

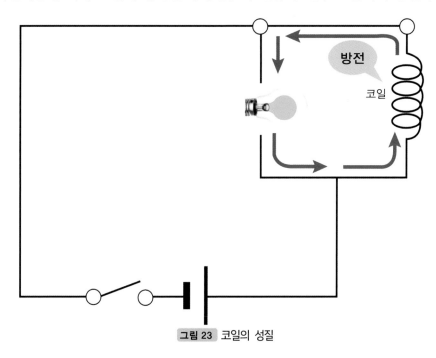

그림 23 코일의 성질

즉 코일은 회로 내에서 전기가 인가되었을 때 서서히 충전하여 전력을 소비함으로써 급격한 전기 유입을 막는다. 또한 전기가 차단되었을 때 충전된 전력을 방출함으로써 급격한 전기 유출을 막는 역할을 한다.

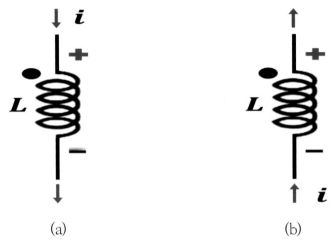

(a)   (b)

그림 24 수동 보호규약

위와 같이 각 코일의 점을 찍어놓고 전압과 전류의 관계를 나타낸 것을 수동보호규약이라고 한다. (a)의 경우 전류 i가 코일의 (+)단자로 들어간다면 코일은 전류를 충전(전력을 소모)한다. (b)의 경우 전류 i가 코일의 (-)단자로 들어간다면, 인덕터는 충전된 전력을 방전(회로에 공급)한다는 것을 나타낸다.

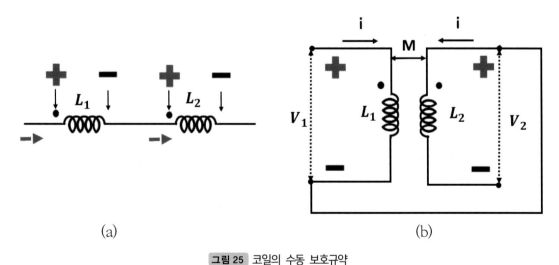

(a)   (b)

그림 25 코일의 수동 보호규약

(a) 같은 도트(점)의 방향으로 동일하게 코일을 직렬배치하면 L_1과 L_2는 동일하게 전류를 충전할 수 있게 된다. 이를 '**화동결합**'이라 하며 전체 리액턴스(L)는 $L_1 + L_2 + 2M = L$ 이다.

(b)회로는 (a)의 회로와 동일하게 인덕터 2개를 직렬 배치한 것이다.

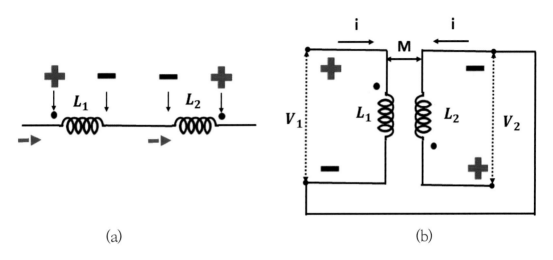

(a)   (b)

그림 26 코일 회로의 수동 보호규약

(a)와 같은 도트(점)의 방향으로 동일하게 코일을 직렬배치하면 L1과 이를 '**차동결합**'이라 하며 전체 리액턴스(L)는 $L_1 + L_2 + 2M = L$ 이다. (b)회로는 (a)의 회로와 동일하게 코일 2개를 직렬 배치한 것이다.

배선에 흐르는 전하를 그림 27과 같이 두 개의 막을 이용해 막고 있다고 가정해보자. 물론 이 두 막은 콘덴서다. 시간이 지나면 막을 경계로 한쪽은 양전하, 다른 한쪽은 음전하로 각각의 개수는 동일하게 균형을 이룬다. 사실 균형을 이루는 것보다는 자석의 북극과 남극처럼 이 두 전하는 서로 붙으려는 성질이 있는 것을 콘덴서 내부의 유전체로 못 붙게 막고 있는 것이다.

결국은 양과 음의 전하가 달라붙어 있는 상태를 유지하게 되는데 이는 배터리와 똑같은 기능으로 전압을 유지하게 된다. 즉 콘덴서의 주목적은 전압제어이다. 또한 콘덴서는 두 개의 막이 서로 떨어져 있으므로 전하가 이동하기 위해서는 에너지가 필요하게 된다. 따라서 저주파수의 신호는 막에서 막으로 이동하기 어렵지만 고주파 신호는 막을 건너뛰어 다른 막으로 전달되므로 신호를 보낼 수 있게 된다.

앞서 언급한 코일의 경우와 반대가 되며 정리하면 콘덴서는 교류는 통과시키지만 직류는 차단하게 된다. 즉 필터의 기능을 가지고 있다.

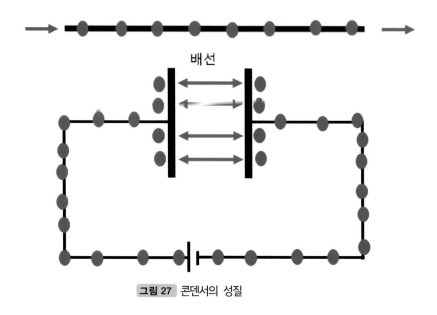

그림 27 콘덴서의 성질

그림 28과 같이 한꺼번에 많은 양의 물을 저장탱크에 부어도 탱크는 일정량의 물만 배출하게 되어있다. 콘덴서도 이와 동일하다.

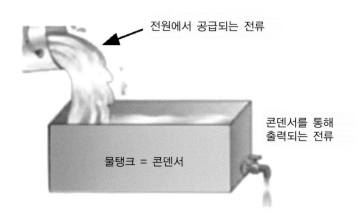

전원에서 공급되는 전류

콘덴서를 통해
출력되는 전류

물탱크 = 콘덴서

그림 28 콘덴서의 성질

전원에서 공급되는 전류가 크더라도 이를 저장하였다가 일정한 크기로 전류를 방출하게 된다. 이러한 기능을 **평활 기능**이라고 한다.

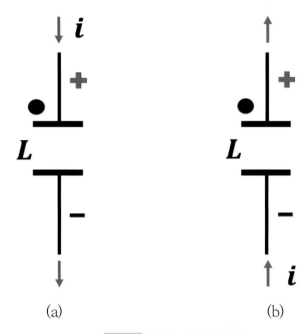

(a)   (b)

그림 29 코일의 수동 보호규약

(a)는 전류 i가 콘덴서의 (+)단자로 들어가 전원을 형성하여 충전(전력을 소모)한다. (b)는 전류 i가 콘덴서의 (-)단자로 들어가 전원을 방전(회로에 공급)한다.

컨버터

컨버터(converter)란 무엇인가?

전력분야에서는 교류를 직류로 바꾸는 장치이며 직류전압을 승압하고 강압하는 장치로 활용된다. 앞서 인버터의 기능과 정반대된다. 물론 이외에도 컨버터는 신호나 에너지를 전환하는 기능이 있다.

수소전기자동차에는 2가지 용도의 컨버터가 장착된다. 모터를 구동할 때 스택에서 생산되는 전기가 부족한 경우가 있다.

예를 들어 추월한다거나 오르막길을 오를 때 추가 전기가 필요한데 이때 240V의 고전압배터리를 이용해 보조해주게 된다. 그런데 스택의 전기가 450V임을 감안하면 전압을 높여줘야 한다. 당연하다. 전기는 전압이 높은 곳에서 낮은 곳으로 흐르니까. 240V의 전기가 450V측으로 흐르기 위해서는 고전압배터리의 전압을 높여줘야 모터 쪽으로 전달이 가능하게 된다. 또한 스택에서 생산하고 남은 전기와 감속 시 발생되는 회생제동 전력을 고전압배터리에 충전해야 하는데 이를 위해 생산 전기를 강압해야 충전 가능하게 된다.

즉 고전압배터리의 전압을 상승시켜 모터로 보내고 모터의 발전기능으로부터 생산된 전기를 감압시켜 전압배터리로 리턴해서 충전이 가능하게 하는 컨버터인 BHDC가 그 기능을 담당한다.

또한 12V배터리를 충전하기 위해서는 고전압을 떨어뜨려 14V로 만들어줘야 하는데 이러한 기능은 LDC가 담당하게 된다. 정리하면 BHDC와 LDC는 고전압을 저전압으로, 저전압을 고전압으로 승압, 강압하는 장치이며 BHDC 컨버터에 내장되어 있다.

아래의 내용을 통해 전압을 올리고 낮추는 각 사항을 알아본다.

1) 코일과 콘덴서 회로

그림 30과 같이 스위치를 닫게 되면 코일로 서서히 전류가 증가해서 흐르고 코일에 자체적으로 $\frac{1}{2}LI^2$ 만큼의 에너지가 저장된다.

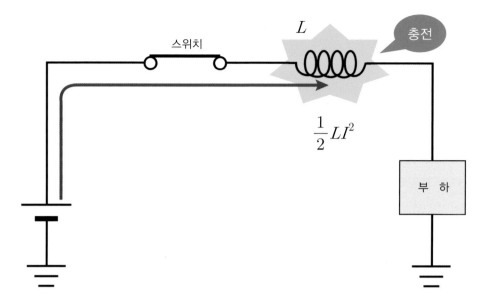

그림 30 코일 회로

그림 31과 같이 스위치를 열면 코일에 저장된 전기 에너지가 방전되어 부하에 전달된다. 코일은 전기 에너지를 충전하고 전류의 흐름이 끊어져도 전류가 흐르던 방향으로 계속 흐르려고 하는 관성을 유지하는 특징이 있다.

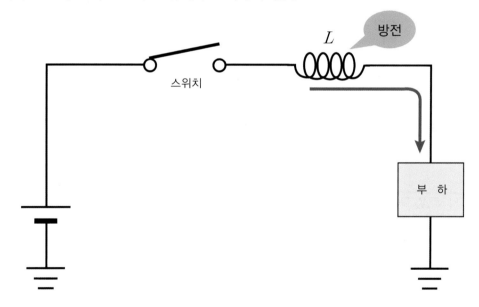

그림 31 코일 회로

다음은 콘덴서를 이해해보자.

그림 32 회로에서 스위치를 닫으면 커패시터로 전류가 유입되어 전압이 서서히 증가하게 되어 흐르고 콘덴서에 자체적으로 $\frac{1}{2}CV^2$ 에너지가 저장된다. 즉 전압충전이 된다.

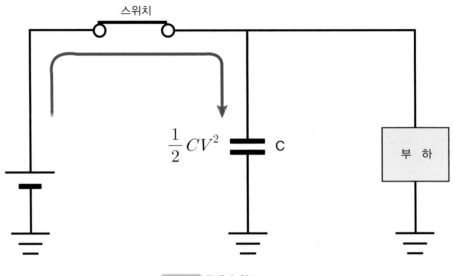

그림 32 콘덴서 회로

그림 33과 같이 스위치를 열면 콘덴서에 충전된 전기가 부하 측으로 방전된다.

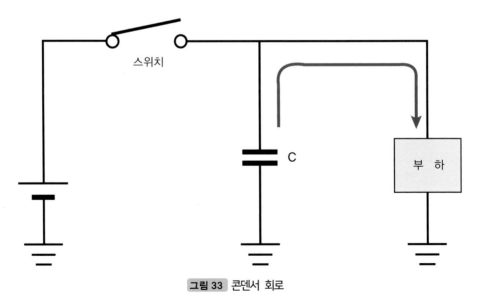

그림 33 콘덴서 회로

2) 전압을 낮추는 강압회로

그렇다면 코일과 콘덴서를 붙여 아래와 같은 강압회로를 만든다.

그림 34와 같이 스위치가 닫히면 코일에 에너지가 저장되며 그림 35와 같이 스위치가 열리면 코일에 저장된 에너지가 부하에 전달된다. 즉 입력전원을 코일에 저장했다가 출력단에 전달하는 구조이며 다이오드는 스위치가 열릴 때 발생하는 역방향 전류를 방지한다. 또한 콘덴서는 평활작용을 하게 된다.

본 회로는 전압을 강압시키는 벅(BUCK)컨버터로서 직류 입력의 일부를 출력에 전달하는 회로이므로 입력전압보다 낮은 전압을 만들어낸다.

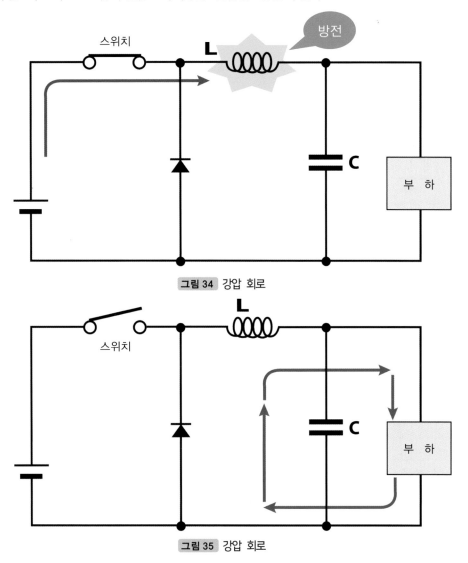

그림 34 강압 회로

그림 35 강압 회로

3) 전압을 높이는 승압 회로

그림 36과 같이 스위치가 닫히면 코일에 에너지가 저장되며 그림 37과 같이 스위치가 열리면 코일에 저장된 에너지가 부하에 전달된다. 즉 입력전원을 스위치에 의해 코일에 저장하였다가 출력단에 전달하는 구조이며 다이오드는 스위치가 열릴 때 발생하는 역방향 전류를 방지한다. 입력단의 전원과 더불어 코일의 에너지가 방출되는 구조로써 출력단 전압은 입력단보다 높게 된다. 또한 콘덴서는 평활작용을 하게 된다. 본 회로는 전압을 승압시키는 부스터(BOOST)컨버터로써 입력전압보다 높은 전압을 만들어낸다.

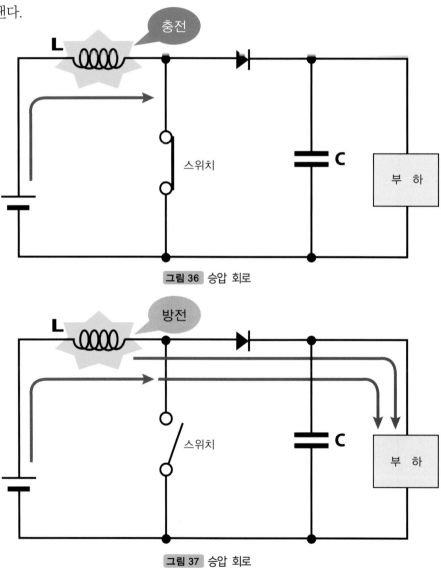

그림 36 승압 회로

그림 37 승압 회로

4) 역방향 출력이 가능한 회로

　그림 38과 같이 스위치가 닫히면 코일에 에너지가 저장되며 그림 39와 같이 스위치가 열리면 코일에 저장된 에너지가 역방향으로 부하에 전달되어 출력단이 마이너스(-) 전압이 된다. 코일은 방전 시 원래 흐르던 방향으로 흐르려는 관성이 있어 인버팅 컨버터인 벅(BUCK)에 마이너스 출력이 가능하게 된다.

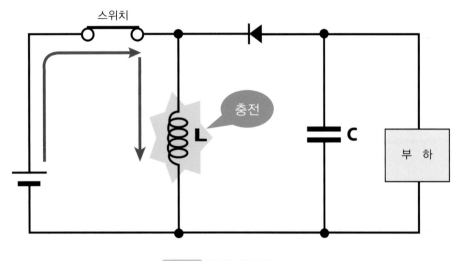

그림 38 역방향 출력회로

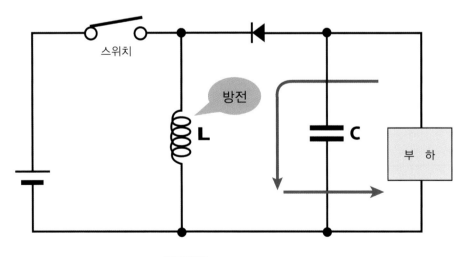

그림 39 역방향 출력회로

LDC

1) 기초 원리

현재 내연기관에서 사용되었던 와이퍼, 경음기, 윈도우 등과 같은 부품을 생각해보자. 구동 전원은 12V배터리를 이용한다. 그런데 수소전기자동차의 전원 체계는 스택의 250~400V, 고전압 배터리의 240V 등 기존의 12V체계를 뛰어넘는 고전압을 가지고 있다.

수소전기자동차도 '자동차'이기 때문에 와이퍼, 경음기, 윈도우 등등이 필요하다. 그렇다면 400V와 240V에 맞게 회로를 다시 설계해야 할까? 그렇게 된다면 부품도, 배선도 몽땅 다시 설계해야 할까? 만약 그렇게 된다면 차량에 들어가는 전기 부품을 모조리 다시 설계해야 한다. 비용, 시간까지 고려했을 때 아마 이 책을 보고 있는 당신이나 나나 수소전기자동차가 도로를 굴러다니는 장면을 아직도 보지 못했을 것이다. 따라서 고전압을 12V로 전환해주는 전력 변환장치가 필요하며 이를 **LDC**(Low DC to DC Converter)라고 부른다.

LDC는 수소전기자동차 시동 시에 연료전지의 동작에 필요한 전원을 고전압 배터리(270V)로부터 공급하는 승압 동작과 고전압 배터리로부터 12V 배터리의 충전과 12V 액세서리 부품(헤드램프, 와이퍼, 라디오 등)에 전원을 공급하는 강압 동작을 한다. 이러한 승압과 강압을 반복하기 위해서는 양방향 컨버터라는 부품을 이용하는데 전압이 자주 올라갔다 내려갔다를 반복하게 되기 때문에 전기적인 절연이 필요하다.

그림 40은 컨버터의 원리를 나타낸 것으로 500W의 전력 환경에서 전압을 100V에서 50V로 강압하는 원리를 보여준다.

P = V × I 의 공식에 따라 입력전 전력은 500W = 100V × 5A이지만 컨버터를 통과하면 500W = 50V × 10A처럼 동일한 전력에서 전압이 낮춰지는 효과를 볼 수 있다.

결국 LDC 내부의 컨버터를 이용해 동일한 전력이 입력되었을 때 전압을 낮출 수 있다.

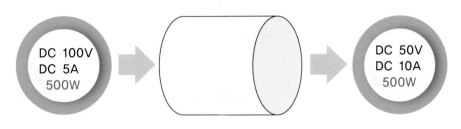

그림 40 컨버터 회로

2) LDC출력 조정 이해

아래의 LDC회로를 통해 전력이 어떻게 고전압이 저전압으로 하강하는지를 이해해
보자.

그림 41에서 보면 내연기관의 경우는 엔진의 동력을 발전기가 전달받아 약 13V의
전기를 생산하고 이를 배터리에 충전하여 전장품에 공급하였다. 하지만 수소전기자동
차에서는 발전기가 삭제되고 고전압 배터리가 추가됨에 따라 고압의 전기를 LDC를
이용해 배터리에 충전하게 된다. 그림 42는 LDC회로를 나타낸 것으로 각 전압의 변환
특징을 분석해본다.

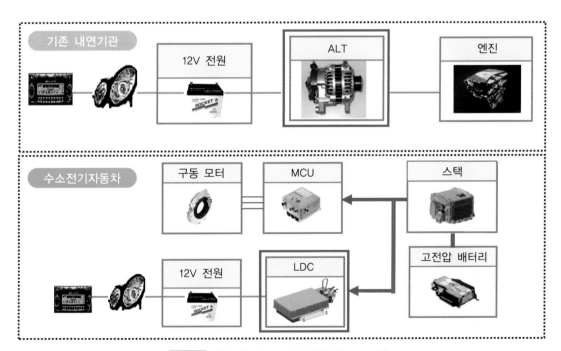

그림 41 내연기관과 수소전기자동차의 LDC 이해

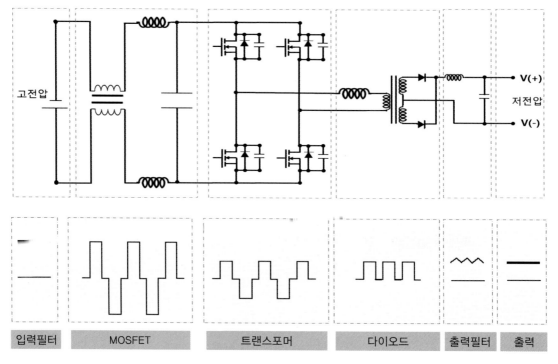

그림 42 LDC 회로 구성

① **필터**

고전압 배터리에서 출력되는 전기의 성분은 각종 노이즈를 포함하고 있다. 이러한 노이즈를 방치하면 관련 부품이 손상된다. 또한 전기란 일정한 출력으로 생산되어야 각 부품을 신뢰성 있게 제어할 수 있는데 노이즈는 이러한 요소에 방해를 일으킨다.

따라서 그림 43과 같이 필터 회로를 통해 고전압노이즈 성분을 제거한다.

여기서는 LPF(Low Pass Filter)원리를 설명한다.

아래 그림과 같이 콘덴서(C)와 코일(L)의 조합을 이용한 필터를 앞글자를 따서 LC필터회로 라고 한다. 로 패스 필터는 특정 전압 이하의 신호만 통과시키는 회로이다. 필터링하는 방법은 그림 44와 같이 LDC로 들어오는 고전압 전원에 직렬로 저항을 연결하고 전원과 접지에 병렬로 커패시터를 연결하면 간단한 로 패스 필터가 된다.

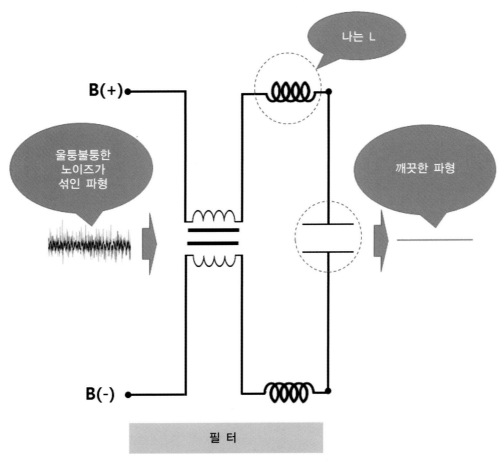

그림 43 필터 회로

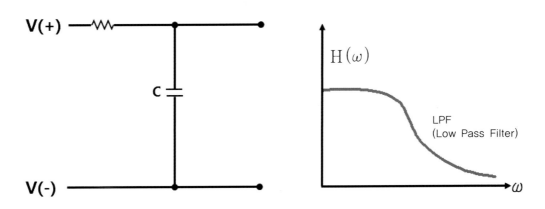

그림 44 Low Pass Filter 필터 회로 원리

저항과 커패시터를 이용한 LPF 회로인데 이에 대한 이해를 쉽게 하기 위해 커패시터를 저항 2Ω 으로 바꾸어 전압을 계산해보고 3Ω 바꾸었을 때 전압을 계산해보자. 기존의 저항을 2Ω 하여 직렬로 연결하고 그림 45와 같이 회로를 구성해 보자.

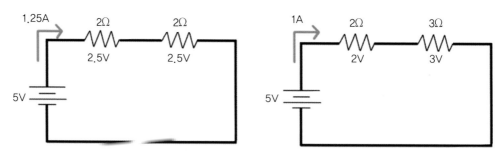

그림 45 Low Pass Filter 필터 회로 원리

그림 45는 부하가 직렬로 연결된 회로이다. 직렬회로 내에서 전체저항은 각 저항의 합과 같다. 또한 회로 어느 곳의 전류를 측정하여도 동일하다. 따라서 회로 내의 동일한 전류가 흐른다고 가정하고 커패시터에 해당하는 저항을 2Ω에서 3Ω으로 높이면 커지는 쪽의 전압은 높아지고 다른 편은 낮아진다.

따라서 낮은 쪽을 출력으로 한 회로를 완성하면 고전압을 저전압으로 전환할 수 있다.

아래의 회로는 코일과 저항을 이용한 노이즈 필터 회로가 되겠다.

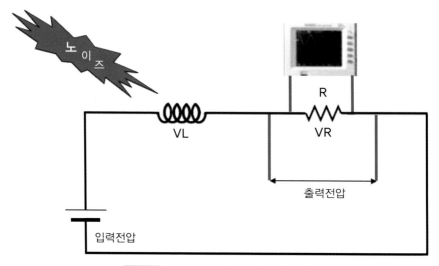

그림 46 Low Pass Filter 필터 회로 원리

고주파 노이즈가 유입되면 코일이 저항보다 더 높게 전압이 상승한다. 그 이유는 코일 특성상 외부 노이즈 유입 시 저항보단 코일이 영향을 더 많이 받기 때문이다. 따라서 앞서 설명한 그림 45의 예처럼 저항 양단의 전압이 하강함에 따라 출력전압이 낮아진다.

② MOSFET 회로

MOSFET은 트랜지스터의 한 종류이며 직류를 교류로 전환하는 데에 사용한다. 여기서 의문이 든다. 높은 직류를 낮은 직류로 전환하는 게 목적인데 왜 교류로 바꿀까?

그 이유는 그림 47과 같이 제어 가능한 수준의 직류를 만들어내기 위해서는 교류로의 전환이 필수적이기 때문이다.

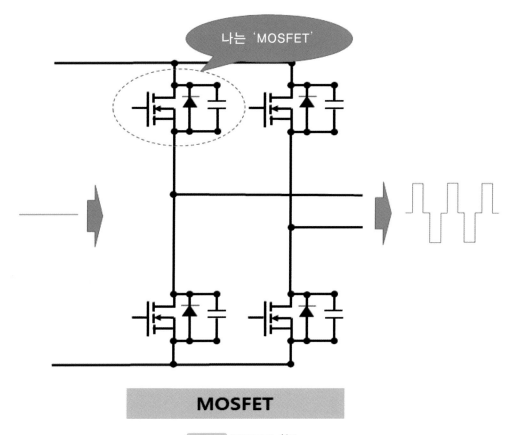

그림 47 MOSFET 회로

MOSFET의 특징은 저항을 변화시켜 전류의 흐름을 바꾸는 것에 있다.

즉, 그림 48과 같이 게이트에 전류가 흐르면 드레인에서 소스로 전류가 흐르게 된다. 여기서 게이트(G)는 스위칭 소자이며 고속의 스위칭이 가능하다.

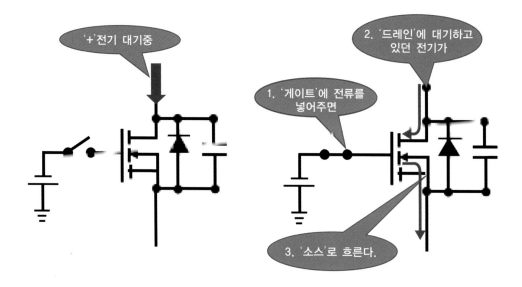

그림 48 MOSFET회로 작동원리

여기서 G단으로 들어가는 신호를 이용하여 파워 서플라이의 회로를 제어한다. 따라서 앞서 언급한 직류를 교류로 전환하는 회로와 동일하게 MOSFET의 스위칭 기능을 이용하면 그림 49와 그림 50과 같이 직류를 교류 형태로 변환이 가능해진다.

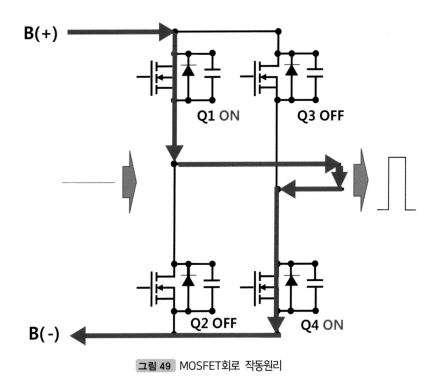

그림 49 MOSFET회로 작동원리

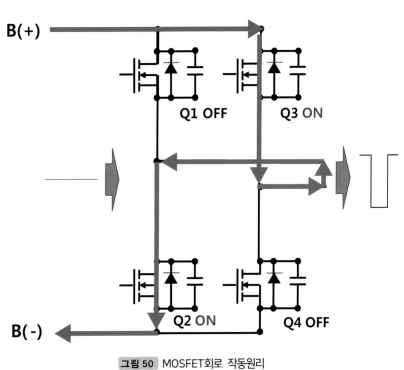

그림 50 MOSFET회로 작동원리

③ Transformer 회로

그림 51, 그림 52와 같이 전압은 코일을 감은 횟수에 비례한다. 감은 코일의 권수가 1 : 2라면 전압도 1 : 2가 된다. 여기서 1을 입력전압으로 2를 출력 전압으로 하면 2배의 전압을 상승시킬 수 있고 이와 반대로 한다면 전압을 떨어뜨릴 수도 있다. 1, 2차 코일 권수에 따라 트랜스포머 내부에서 전압이 down된다. 이 트랜스포머에 의해 고전압과 저전압이 전기적으로 절연된다. (1차 코일은 400V, 2차 코일은 12V) 이를 **강압기**라고도 한다.

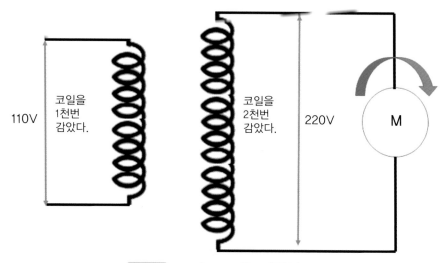

그림 51 Transformer 회로 작동원리

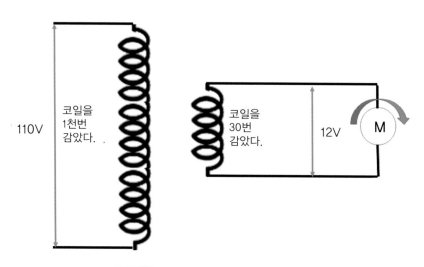

그림 52 Transformer 회로 작동원리

아래 그림 53은 Transformer 회로에 삽입된 변압기로써 입력측 코일은 1개, 출력측 코일은 2개를 배치한 다중 2차 변압기이다. MOSFET소자 4개를 이용한 방식을 Full-bridge라고 한다. 한 쌍의 스위치(Q1, Q4 또는 Q2, Q3)가 교대로 동작과 차단을 반복하여 전력을 유도한다.

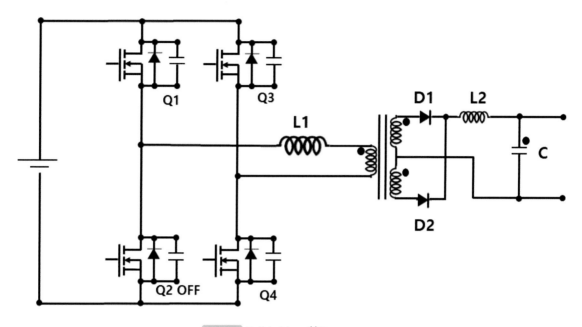

그림 53 Full-bridge 회로

동작 원리는 스위치 Q1과 Q4가 작동하면 B+에서 출력된 전류는 Q1과 트랜스포머 1차 권선을 통하여 흘러 Q4를 거쳐 B-로 복귀한다. 이와 동시에 트랜스포머 2차코일측으로 상호유도작용에 의해 전력이 전달되고, 다이오드 D1을 통과하여 코일(L)과 커패시터(C)에 전기가 충전되고 다시 1차권선으로 복귀한다.

한편 스위치 Q1과 Q4가 모두 차단되면 L에 축적된 에너지는 다이오드 D1, D2를 환류 패스로 하여 출력측으로 방출되며 트랜스포머의 전압은 "0"이 된다. 스위치 Q2가 도통하면 D2를 도통시켜 L을 통하여 출력측으로 흐르게 된다.

이때 L에는 다시 에너지가 축적되며 다음 스위치 Q1, Q2 모두 차단되면 L에 축적된 에너지는 D1, D2를 환류 패스로 하여 출력측으로 방출되며, 트랜스포머의 전압은 "0"이 된다. 이 과정을 한 주기로 하여 반복하면서 동작한다.

그림 54와 같이 T0에서 T1 시간까지 2차 코일에 전달되는 파형의 변화를 알아보자.

Q1, Q4의 스위치가 작동되면 입력전압 B+이 L1을 충전하고 1차 코일을 지나게 되고 2차코일에 기전력이 유도되어 D1을 지나 코일(L)을 거쳐 커패시터 C에 충전된다.

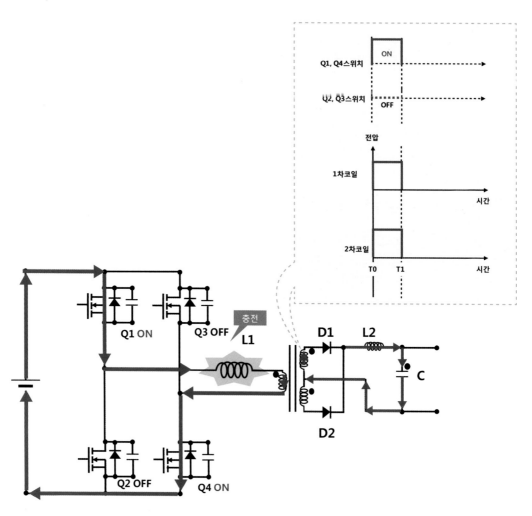

그림 54 T0 ~ T1 / Q1, Q4 : ON

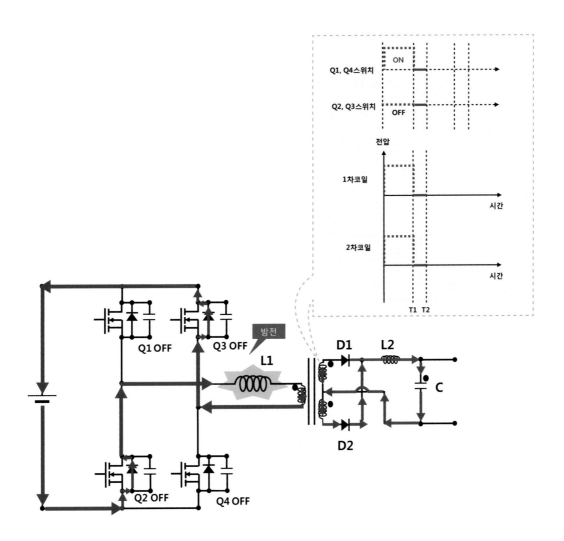

그림 55 T1 ~ T2 / Q1, Q4 : OFF

그림 55를 통해 T1에서 T2시간까지 2차 코일에 전달되는 파형의 변화를 알아보자.

Q1, Q4스위치는 T1에서 꺼진다. 이때 코일(L1)에 저장된 전기는 1차코일에 흐르게 되며 Q3와 Q2의 다이오드를 거쳐 다시 코일(L1)로 복귀한다. 코일(L1)에 축적된 전기를 다 소비할 때까지 계속 전기는 흐르게 된다.

2차코일에서는 코일(L2)을 통해 충전된 커패시터(C)에서 흘러나온 전기가 다이오드 D1과 D2로 분기되고 다시 코일(L2)을 거쳐 커패시터(C)로 흐른다.

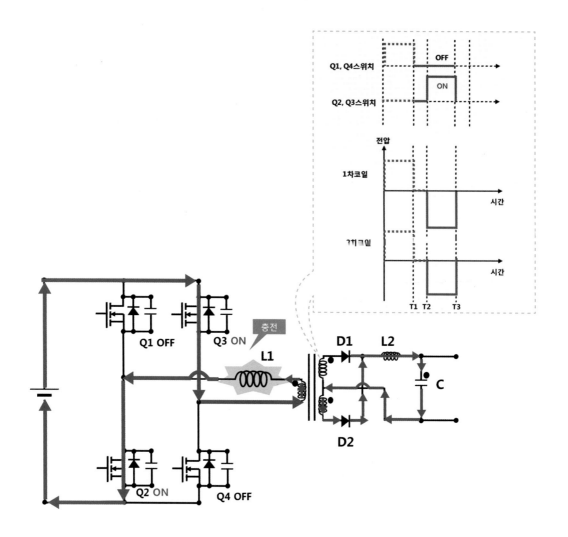

그림 56 T2 ~ T3 / Q2, Q3 : ON

그림 56을 통해 T2에서 T3 시간까지 2차 코일에 전달되는 파형의 변화를 알아보자.

Q2, Q3의 스위치가 작동되면 입력전압 B+이 2차측 코일을 지나 L1을 충전하고 Q2를 지나 B-로 복귀한다. 또한 2차측 코일에 유도기전력을 발생하고 유도된 전기는 D2를 지나 코일(D2)을 거쳐 커패시터 C에 충전된다.

2차코일에서 유도된 전기가 D1을 지나 코일(L)을 거쳐 커패시터 C에 충전된다. 이후 다시 2차코일로 흐른다.

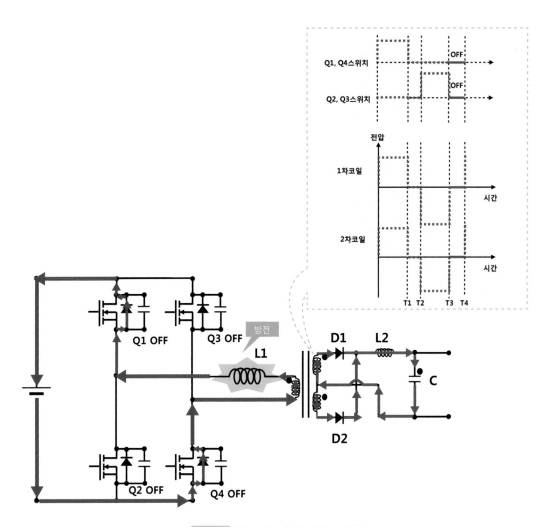

그림 57 T3 ~ T4 / Q1, Q4 : OFF

그림 57을 통해 T3에서 T4시간까지 2차 코일에 전달되는 파형의 변화를 알아보자.

Q3, Q2스위치는 T3에서 꺼진다. 이때 코일(L1)에 저장된 전기는 1차코일에 흐르게 되며 Q1과 Q4의 다이오드를 거쳐 다시 코일(L1)로 복귀한다. 코일(L1)에 축적된 전기를 다 소비할 때까지 계속 전기는 흐르게 된다. 1차회로에서의 전압이 모두 소진되어 흐르지 않게 되면 2차코일에서는 코일(L2)을 통해 충전된 커패시터(C)에서 흘러나온 전기가 다이오드 D1과 D2로 분기되고 다시 코일(L2)을 거쳐 커패시터(C)로 흐른다.

④ 정류회로

교류가 정류기를 통해 직류로 전환되는 과정이다. 완벽하게 정류될 순 없고 일부 교류 성분이 잔여하게 되는데 그 결과 파형에는 교류와 직류가 혼합되어 있으며, 이를 **맥류**라고 부른다.

⑤ 평활회로

앞선 정류회로에서 잔여하는 교류 성분을 지우기 위해서 추가적으로 콘덴서를 장착하는 평활회로를 구현한다. 여기서 콘덴서가 클수록 교류성분을 없애기 좋지만, 반대로 너무 크면 전체적인 회로 효율을 떨어뜨릴 수 있다.

3) BHDC(승압)

입력전압보다 출력전압을 크게 증폭한다. 그 원리는 아래의 그림 58과 같다. 스위치 (S)가 닫혀있게 되면 전기는 전원(V)의 플러스(+)에서 코일(L)을 지나 스위치를 거쳐 다시 전원(V)의 마이너스(-)로 복귀하는데 코일(L)에 전류가 축척된다. 이때는 승압의 과정이 없다. 이후 스위치(S)를 OFF하면 전기는 전원(V)의 플러스(+)에서 코일(L)을 지나 부하로 공급된다. 이때 스위치(S) ON시에 코일(L)에 축척되었던 전기도 추가적으로 공급되어 전력의 승압이 일어난다.

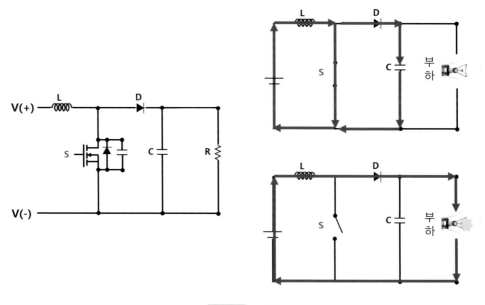

그림 58 승압회로

고전압 직류 변환장치(HDC; High voltage DC-DC Converter)를 통해 모터와 고전압을 사용하는 부품에 전압을 효과적으로 승압할 수 있다. 그림 59부터 62까지는 저전압을 고전압으로 승압하는 회로를 나타내고 있다.

고전압 부위와 저전압 부위에 각각 2개의 스위치, 저전압 측 필터인 코일 L_1과 커패시터 C_1, 보조 코일 L_2와 커패시터 C_2 등으로 회로가 구성된다.

각 회로를 분석해보자.

① 모드 1.(t0 ~ t1)

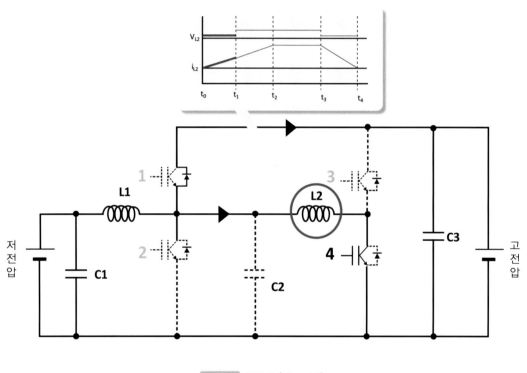

그림 59 모드 1.(t0 ~ t1)

모드 1에서는 4번 스위치가 작동한다.

저전압 배터리의 전기가 L_1을 지나 두 갈래 길에서 스위치 1의 내부 다이오드를 통해 콘덴서 C_3를 충전시키고 다시 저전압 배터리로 복귀한다. 다른 한 갈래는 코일 L_2를 충전하여 파형에서와 같이 전류를 서서히 증가시키고 4번 스위치를 경유해 다시 저전압배터리로 복귀하게 된다.

앞서 언급한 것과 같이 코일은 전류를 서서히 충전하게 되므로 전류의 방향은 1번과 4번 스위치로 동시에 향하게 되고 모드 1은 마무리 된다.

② 모드 2.(t1 ~ t2)

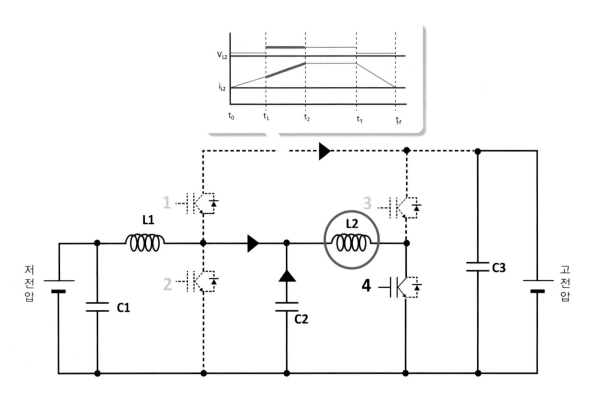

그림 60 모드 2.(t1 ~ t2)

모드 2에서는 4번 스위치 작동이 지속된다.

이때 L_2와 C_2에 의해 공진이 일어나는 구간이다. C_2의 전압이 0이 되어 2번 스위치가 ON 될 때까지 공진은 지속된다. L_2에 흐르는 전류는 모드 1의 전류와 공진전류가 합해져 최댓값에 도달하게 된다.

③ 모드 3.(t2 ~ t3)

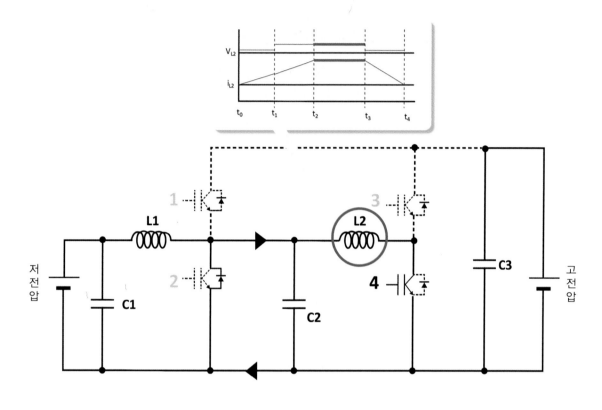

그림 61 모드 3.(t2 ~ t3)

모드 3에서는 4번 스위치 작동이 지속된 상태에서 2번 스위치 다이오드로 전기가 흐른다.

2번 스위치를 ON시키고 4번 스위치를 OFF시킬 때까지 2번 스위치의 내부 다이오드를 통해 L_2에 전기를 흐르게 한다. 따라서 L_2의 L_1는 최댓값을 지속적으로 유지하게 된다.

④ 모드 4.(t2 ~ t3)

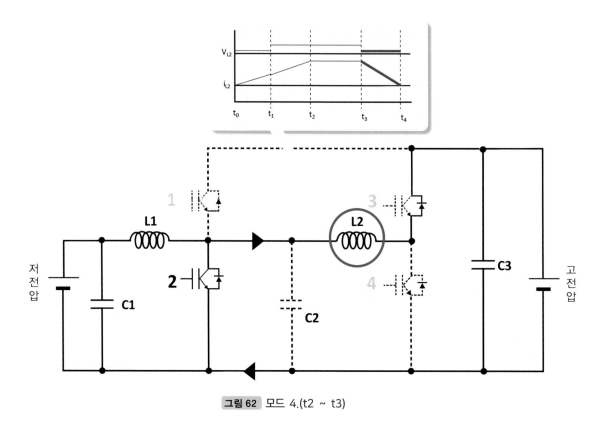

그림 62 모드 4.(t2 ~ t3)

모드 4에서는 2번 스위치가 ON, 4번 스위치가 OFF로 시작된다.

이때 모드 2, 3에서 코일 L_2에 충전을 지속했던 회로는 종료되고 모드 4가 시작된다.

4번 스위치가 OFF 되었으므로 L_2는 충전되어 있는 전류를 3번 스위치 내부 다이오드를 통과하여 방출하게 되어 전류량이 감소하게 된다.

5 모터와 회생제동

회생제동은 전기를 사용하여 구동되는 모든 자동차 시스템에 포함된 기술이다.

핵심은 아래와 같다.

모터가 발전기가 되고, 발전기가 모터가 된다

그런데 위의 말대로 '모터가 발전기가 되고, 그 반대도 된다'라는 사실을 여러분들은 이해할 수 있는가? 난 이 질문을 가끔 학생들에게 던져본다. 넌 저게 이해 되냐? 애석하게도 정확하게 답변하는 친구들이 적었다. 그렇다고 죄 없는 억울한 모터에게 '넌 왜 발전기가 되냐?'라고 화를 낼 수 있는 것도 아니다.

그래서 회생제동에 대해 쉽게 가르쳐주고 싶어 이래저래 자료를 찾아보았다. 물론 요즘 핫한 구글링부터 외국자료까지 죄다 찾아보았으나 자료가 없다. 아니지, 쉽게 이해시킬 수 있는 내용이 없었다. 다들 어려운 내용을 담고 있어 기본 원리를 설명하는 게 아쉬웠다. 그래서 다음과 같이 설명하려 한다. 너무 쉽게 설명해서 여러분들이 저자의 수준을 의심하셔도 뭐 할 말은 없다.

여러분들은 옴의 법칙과 더불어 플레밍의 왼손과 오른손 법칙을 들어는 봤을 것이다. 자세히 모르더라도 정규 초등학교와 중고등학교를 졸면서 다녀도 한번쯤은 들어봤을 것이다.

그림 63을 한번 보자.

그림은 플레밍의 왼손 법칙으로 "왼손의 엄지손가락, 인지와 가운데 손가락을 직각이 되게 펴고, 인지를 자력선의 방향으로 가운데 손가락을 전류의 방향으로 맞추면 도체에는 엄지손가락 방향으로 전자력이 작용한다"는 것을 나타내는 것이다.

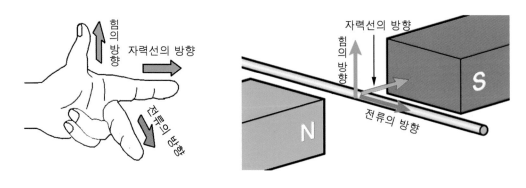

그림 63 플레밍의 왼손 법칙

쉽게 말해보면 플레밍이라는 사람이 어느 날 극이 다른 자석 두 개를 마주보게 하고 그 사이에 철막대기 두고 여기에 전류를 흘렸더니 요 막대기가 뱅글뱅글 돈다는 것이다. 그리고 요놈을 모터라고 한다~ 이런 얘기다. 이 법칙을 이용해 우리가 알고 있는 기동 전동기와 각종 모터가 만들어진 것이다.

아래 그림은 플레밍의 오른손 법칙으로 "오른손 엄지손가락, 인지, 가운데 손가락 각각을 직각이 되게 하고 인지를 자력선의 방향으로 엄지손가락을 도체가 움직이는 방향으로 설정하면 가운데 손가락으로 유도 기전력의 방향을 표시한다"는 것을 나타낸 것이다.

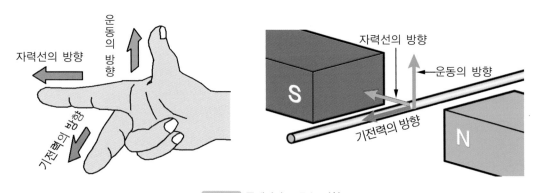

그림 64 플레밍의 오른손 법칙

쉽게 말해보면 플레밍이라는 사람이 방금 전 왼손법칙과는 반대로 극을 바꾸고 마주보게 한 후 그 사이에 철막대기를 두고 이 철막대기를 뱅글뱅글 돌렸더니 전기가 만들어진다라는 것이다.

그리고 이것을 발전기라고 한다~ 이런 얘기다. 이 법칙을 이용해 우리가 알고 있는 각종 발전기가 여기서 탄생하게 된다.

이쯤 되면 이 글을 읽는 독자는 눈치 챘을 것이다. 내가 왜 초등학교 때나 들었을법한 이야기를 주구장창 해대는지를. 결국 내가 하고 싶은 말은 아래와 같다.

모터와 발전기는 같다.

그림 65와 66에서 보면 각각 모터와 발전기 회로가 구성되어 있다. 이들을 만들 재료가 어떠한가? 둘 다 동일하게 자석, 코일로 동일하다. 단지 모터를 동작시키기 위해서는 추가적으로 전기(배터리)가 필요하고 발전기를 동작시키려면 회전력(연료나 기타 외부 동력)이 필요하다.

그림 65를 보자. 플레밍의 왼손법칙을 이용해 모터회로를 그렸고 모터 내부의 회전자와 바퀴를 연결하였다. 본 회로에 배터리를 연결하면 모터는 회전하게 되고 바퀴를 구동하여 차량은 주행하게 된다. 수소전기자동차의 모터구동을 이용한 주행이 되겠다.

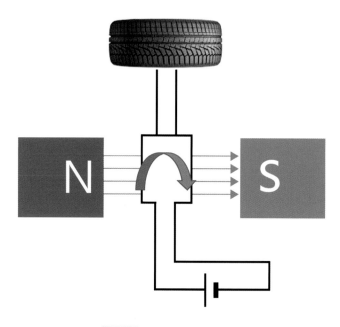

그림 65 회생제동 원리(모터)

자아, 그렇다면 주행 중 밟고 있는 액셀 페달을 떼었을 때를 생각해보자.

예를 들면 내리막길 주행 시, 탄력 주행 시 등등이 될 수 있겠다. 이 때 그림 66과 같이 극성이 전환되면 그동안 사용되었던 모터로의 기능이 발전기능으로 전환되어 전기를 만들어 내고 이를 배터리에 충전하게 되는 현상이 벌어진다. 사실 회생제동은 수소전기자동차 외에도 우리가 알고 있는 하이브리드자동차, 전기자동차에 삽입된 주요 기술이다. 이 방법을 통해 배터리의 충전을 일반적인 충전기에 의한 방법 외에도 주행환경에 따라 할 수 있게 되었다.

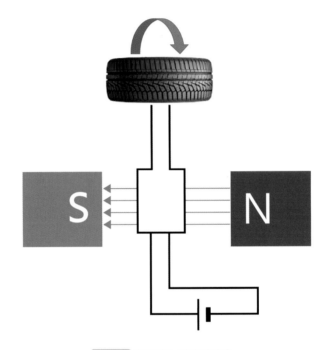

그림 66 회생제동 원리(발전기)

자율주행차와 4차산업혁명 시대의 대비

경향신문

우리는 어느덧 스스로 주행하는 차 안에서 독서도 하고 영화도 보는 시대에 살고 있다. 이른바 4차 산업혁명의 핵심인 자율주행자동차 기술이다. 차가 알아서 목적지까지 우리를 데려다주면서, 도로의 상황에 따라 핸들링을 하는 것을 보면 실로 대단하다. 마치 영화에서나 있었던 일들이 실제로 벌어지니 말이다.

자율주행차와 4차 산업혁명 시대의 대비

그야말로 전 세계적으로 떠들썩하다. 여기에 편승해 학계나 언론에서는 어서 빨리 4차 산업혁명을 대비해야 하며, 특히 자동차 분야에서는 더욱더 분발해야 한다고 한다. 그러나 이 기술은 어느 날 하늘에서 뚝 하고 떨어진 것이 아니다. 일부 기술을 제외하고는 과거에도 적용됐던 시스템을 응용한 것이다. 적게는 몇 년 전, 많게는 10년 전부터.

아마 이 글을 보는 당신의 차에도 자율주행차에 사용되는 일부 기술이 적용되고 있다. 당신은 이미 그 기술을 맛보았다. 주차를 위해 후진기어를 넣으면 어떻게 되는가? 주차보조 시스템의 경고 소리를 통해 후방 물체와의 거리를 인식할 수 있다.

즉 이 시스템의 원리를 이용해 후측방에서 다가오는 물체를 인식할 수 있다. 또한 후드를 열어보면 파워스티어링 펌프가 없어졌다. 핸들을 돌릴 때 쉽게 돌릴 수 있도록 도와주는 장치가 과거에는 유압을 이용한 펌프였지만, 지금은 전기모터가 그 역할을 대신한다. 이 주차보조 시스템과 핸들 전기모터 시스템이 합쳐져서 '자동주차 시스템'이 된다. 또한 이 시스템 원리를 응용하고 보완하여 일정 차선을 유지하게 해주는 '적극적 사고회피기술'이 만들어졌다.

결국 자율주행자동차는 과거에 이미 만들어졌던 기술들을 융합하고 보완한 것이라고 볼 수 있다.

그렇다면, 4차 산업혁명을 대비하는 방법은 무엇일까? 그 답은 과거의 반성과 현재의 충실함이다. 과거 한국의 자동차 산업은 양적 성장을 통해 규모의 경제를 이뤄왔다고 볼 수 있다. 이를 통해 일자리 창출과 경제 부흥을 이끌어온 점은 높이 살 수 있다. 그러나 좁은 국토에서 증가하는 자동차 대수로 인한 환경문제는 미세먼지와 결합하여 현재 우리 삶을 불안하게 하고 있다. 이에 현 정부가 내세운 공약 중 2030년까지 경유차 운영 중단, 국내 미세먼지 30% 감축, 공공기관 신규 구매차량 70% 친환경차로 대체, 친환경 자동차 밸리 조성 부분은 기대해볼 만하다고 할 수 있다.

여기에 더불어 안정적이지 못한 노사 문화 개선도 생각해본다. 현재의 자동차 산업은 어떠한가? 중국 시장의 판매량 감소, 대량 강제리콜 사태, 수입차의 판매량 증가 등 대내외적인 악조건에 놓여 있다. 우선은 국내의 자동차 시장 안정을 먼저 생각해보아야 한다. 수출 비중이 점차 증가된 자동차 산업은 국내 소비자들을 차별한다는 인식이 팽배하다. 따라서 투명하고 신속한 소비자 대응에서부터 해결점을 찾아야 한다. 과거 피아트는 수출 위주의 성장에 초점을 맞추다 자국의 시장을 놓쳐 결국 인수·합병당했다. 안방시장은 카멜레온처럼 변하는 환율 전쟁 속에서 버텨주는 완충 역할을 한다. 이를 교훈 삼아 자국 시장에서의 판매량 확보에 총력을 다해야 한다.

어쩌면 당연한 내용을 나열하였다. 그렇다. 자율주행자동차 역시 우리가 생각하는 상식 범위 내의 기술이다. 미래를 대비하는 것은 추상적인 것이 아니다. 결국 과거를 반성하고 현실을 충실히 살아가는 것. 그것만으로도 충분하다.

배터리 제어 시스템

배터리 제어 시스템

수소전기자동차는 180~240V의 고전압 배터리가 장착된다. 스택에서 생산되는 전기만으로론 다양한 환경에서 전력을 공급 해줄 수 없기 때문이다. 고전압 배터리는 보그 긴입으로써 치광이 사낙알 때는 BHDC로 전력을 공급하고 450V로 승압된다. 인버터는 이를 받아 3상교류로 전환시켜 모터를 구동하게 된다.

또한 공기블로어 모터, 전동식 에어컨 컴프레서에 전원을 공급하고, 회생제동으로 모터를 통해 발전되어 만들어진 고전압 교류전기는 MCU를 거쳐 직류로 전환되고 BHDC에 의해 240V로 전압이 하강하여 고전압 배터리에 충전된다.

이러한 고전압 배터리의 총체적 관리는 BMS가 담당하고 있으며, FCU로부터 제어 명령을 받는다.

한편 기존의 자동차와 마찬가지로 12V배터리가 장착되어 있다. 시동 전 일반 바디전장 부품이나 제어를 위한 ECU의 구동전원으로 사용된다. 여기서 240V의 고전압과 12V의 전압체계는 각각 독립적으로 작동된다. 일반 전장에 전원을 공급하고 더불어 고전압 시스템의 릴레이를 제어하는 전원을 공급하는 데에도 12V배터리가 사용된다. 12V배터리는 기존의 납 배터리 대신 리튬이온폴리머 배터리를 쓰며 고전압 배터리에 삽입되어 있다. 12V배터리의 과방전에 의한 소실을 막기 위해 12V배터리 보호시스템이 추가되어 암전류를 차단하게 된다.

고전압 배터리의 종류는 리튬이온폴리머를 사용한다. 시스템은 배터리팩 어셈블리, 배터리관리시스템(BMS), PRA, 쿨링시스템 등으로 구성된다.

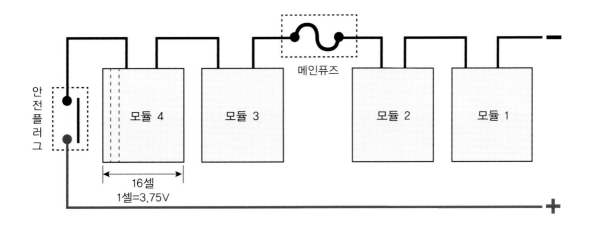

그림 1 수소전기자동차 배터리

그림 1과 같이 내부는 4개의 모듈로 구성되어 있다.

각 모듈은 총 16개의 셀로 되어 있고 셀은 3.75V를 출력한다. 따라서 정격전압은 240V의 직류를 만들어낸다. 위의 그림에서 각 모듈은 직렬로 연결되어 있으며 그 중간에는 안전플러그와 메인퓨즈가 장착되어, 회로 내의 비정상적으로 높은 전류 발생 시 메인퓨즈가 끊기거나 인위적으로 안전플러그를 탈거 시 회로구성이 이루어지지 않아 전류흐름을 차단하게 된다. 고전압배터리 내부의 냉각을 위해서 쿨링팬이 적용되어 있다.

리튬 이온 폴리머 배터리는 전해질을 액체로 사용하는 리튬 이온 배터리(LIB)의 안전성 문제를 해결하기 위해 만들어진 배터리로 작동원리는 리튬 이온 배터리와 동일하며, 젤 타입의 고분자(Polymer) 물질이 양극과 음극 사이의 분리막으로 삽입되어 전해질의 역할을 한다. **리튬 폴리머 배터리**는 이온 전도도가 높은 고체 전해질을 사용, 기존의 액체 전해질을 사용하던 배터리의 단점인 누액 가능성과 폭발 위험성을 줄였다는 게 가장 큰 장점이다.

또한 고체 전해질을 사용하고 있기 때문에 틀의 유형을 바꿔가며 형상을 다양하게 설계하는 것이 가능하다.

1 고전압 배터리 컨트롤 시스템

그림 2와 같이 고전압 배터리를 컨트롤하는 중심부에는 배터리 제어부인 BMS(Battery Management System)가 있다. 배터리에서부터 측정되는 셀의 전압, 온도, 절연저항 등의 정보를 이용해 SOC추정, 출력제한, 냉각 온도의 적합한 목표량을 계산한다. 이후 관련 모터, 릴레이의 구동명령을 전달해 최종 제어가 이루어진다.

여기서는 BMS의 주요 6가지 기능에 대해 알아보자.

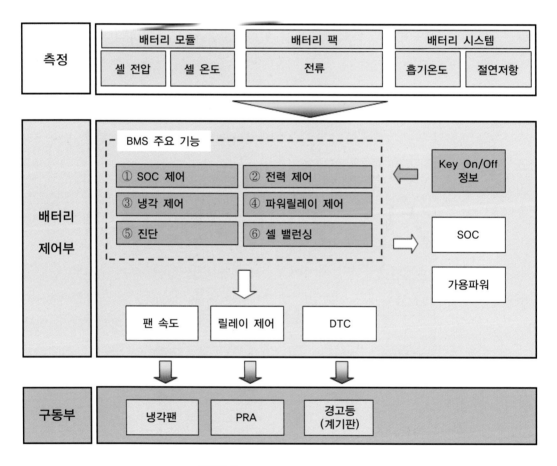

그림 2 배터리 매니지먼트 시스템

1 SOC State of Charge 제어

배터리 팩의 사용 가능한 용량을 백분율로 나타내는 것이다. SOC의 단위는 퍼센트(%)를 사용하고 완전 충전상태는 SOC 100%로, 완전 방전 상태는 SOC 0%로 나타낸다. 배터리는 상온일 때 성능이 가장 좋지만 온도가 낮으면 성능이 떨어진다. 따라서 배터리의 성능은 온도 변화에 민감하게 반응하며, 방전효율 및 노화정도에 따라 달라진다.

신품 배터리와 노화된 배터리의 SOC가 같다고 하여도 위에서 언급한 이유로 사용 가능한 용량은 다를 수밖에 없다. 따라서 좀 더 정확히 배터리의 용량을 파악하기 위해 온도와 SOC에 따른 배터리의 용량 효율이나 SOH(State of Health)를 파악하여 현재 배터리의 상태를 추정할 수 있는 방법을 활용하고 있다. SOC는 직접적으로 측정하는 것이 불가능하기 때문에 BMS제어부에서 입력되는 배터리의 전압, 전류, 온도 정보를 활용하여 연산하여 간접적으로 추정한다. 최종 계산된 값을 FCU에 보내면 배터리의 적정 SOC영역을 관리하게 된다.

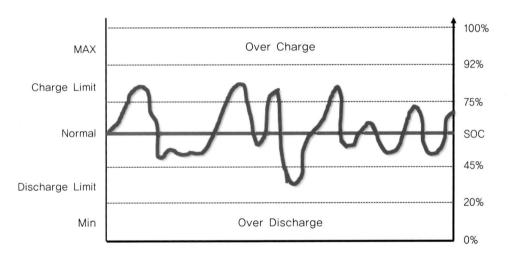

그림 3 배터리 SOC 제어

BMS에서는 현재 계산된 SOC가 92% 이상이 되면 충전을 제한하고, SOC가 20%미만이 되면 방전을 제한하도록 FCU에게 요청한다. 이는 배터리 용량대비 과충전하게 되면 화재의 위험성에 노출되고 과방전시에는 배터리 수명에 영향을 미칠 수 있기 때문이다.

FCU는 고전압 배터리가 최적의 효율을 발휘할 수 있는 영역인 53±7%의 SOC상태를 유지하도록 제어하며 이 조건에서는 정상적으로 배터리의 충전과 방전이 이루어진다.

2 전력 제어

고전압 배터리의 경우 과다 충전과 과다 방전은 수명과 직결된다. 또한 자동차의 특성상 다양한 주행환경에서 동작하기 때문에 충전과 방전에 대한 보호 시스템이 없으면 배터리의 품질에 문제가 발생한다. 따라서 가속 및 부하, 감속 등의 상황에서 차량에 필요한 최적의 고전압 배터리의 충전과 방전 에너지를 계산하여 활용 가능한 고전압배터리의 전력을 예측하고 이에 준하여 제어하게 된다.

그림 4는 리튬 배터리의 보호회로이다.

배터리의 전압을 실시간으로 모니터링하기 위한 IC, 과방전, 과충전 등의 동작상황에서 배터리를 보호하기 위한 MOSFET 등으로 구성된다.

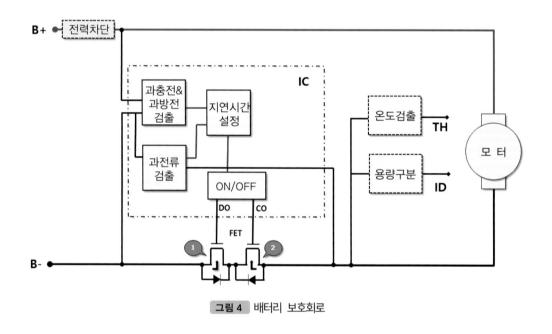

그림 4 배터리 보호회로

B+, B- 단에 고전압배터리가 연결되고 여기에 부하(모터)가 연결된다.

동작상태를 살펴보면 IC는 평상 시 고전압배터리의 전압상태를 모니터링하고 정상상태에서 N채널 MOSFET를 ON하여 회로를 연결한다. 만일 주행 중 BMS의 계산결과 배터리의 방전이 목표치보다 높을 것으로 예측되면 B-단에 연결된 MOSFET를 ON에서 OFF로 변환하여 방전을 차단하게 된다.

또한 내리막길이나 제동 시 발생되는 회생제동으로 배터리의 충전량이 과다하게 높을 것으로 예측될 경우 부하(모터)의 (-)단에 연결된 MOSFET를 ON에서 OFF로 전환하여 충전 전류를 차단한다.

 ## 셀 밸런싱

내부에 다수의 셀로 이뤄진 수소전기자동차의 고전압배터리에서 특정 셀이 과방전, 과충전 이 되면 출력 불균형과 더불어 배터리 과열과 수명에 악영향을 미친다. 따라서 모든 셀의 일정한 전압을 유지하게 하는 셀 밸런싱 작업을 BMS(Battery Management System)는 명령한다.

가장 낮은 셀 전압에 맞추어 다른 셀의 방전을 유도함으로써 셀의 전체적인 전압 균형을 맞추며 셀간 전압 차가 최대 1.0V 이내가 되도록 제어한다. 아래 그림 5와 같이 BMS 내부에 밸런싱 릴레이를 두어 해당 셀과 연결된 저항을 이용해 가장 낮은 셀의 전압을 기준으로 나머지 셀의 방전을 유도한다. 방전의 방법은 에너지를 열로 소산하는 형태로 한다.

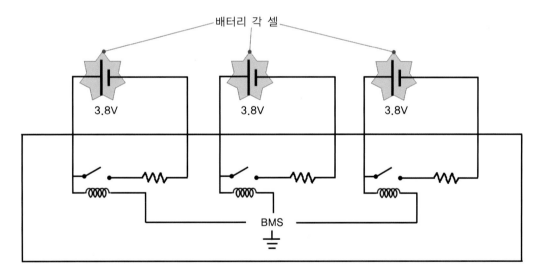

그림 5 셀 밸런싱 회로 1

아래 그림 6과 같이 가장 낮은 셀의 전압이 2.1V로 계측되면 이를 기준으로 나머지 셀과
연결되어 있는 릴레이를 BMS가 자화시켜 각 셀에 연결된 저항체에 전원을 공급하여 2.1V로
전압이 균일해지도록 밸런싱을 수행한다.

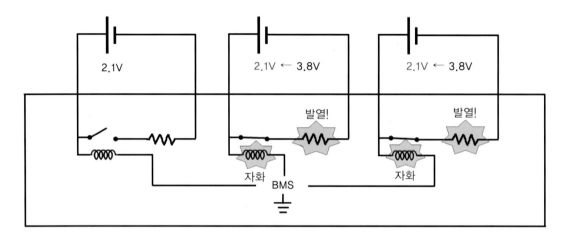

그림 6 셀 밸런싱 회로 2

4 고전압 파워릴레이 어셈블리 제어

파워 릴레이 어셈블리의 역할은 가정에서 배치되어 있는 누전차단기와 같은 역할을 한다.
전봇대에서 전달되는 고전압은 누전차단기를 거쳐 방마다 전달된다. 이때 어느 곳에서 누전
이 발생되면 누전차단기는 이를 감지하고 스위치를 작동하여 전원을 차단하게 된다.

수소전기 자동차에서는 고전압 배터리와 이를 공급받는 부품 사이에 파워릴레이 어셈블리
가 배치된다. 고전압배터리로부터 전달되는 플러스(+) 전압과 마이너스(-)전압이 파워릴레
이 어셈블리로 유입되고 최종적으로는 LDC와 인버터에 전달되게 된다.

운전자가 READY버튼을 누름과 동시에 고전압배터리 단자의 고전압을 사용하는 부품의
전원을 공급한다. 또한 고전압을 공급받는 부품 또는 배선에서 과전류가 인식되면 회로 보호
를 위해 릴레이를 OFF하고 전원을 차단하여 사고를 미연에 방지한다.

그림 7은 파워릴레이 어셈블리의 각 구성품을 나타내었다.

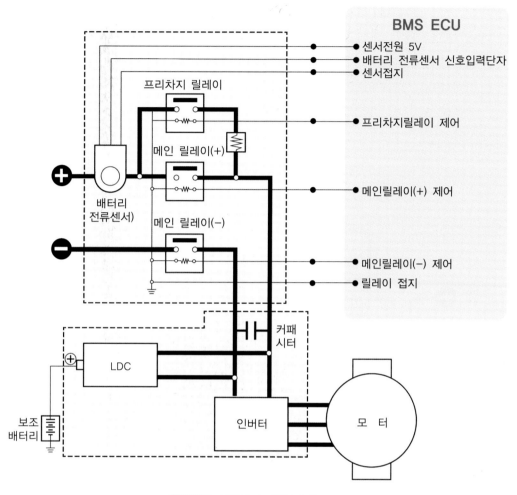

BMS ECU

센서전원 5V
배터리 전류센서 신호입력단자
센서접지

프리차지 릴레이

프리차지릴레이 제어

메인 릴레이(+)

메인릴레이(+) 제어

배터리
전류센서)

메인 릴레이(-)

메인릴레이(-) 제어
릴레이 접지

커패
시터

LDC

보조
배터리

인버터

모 터

그림 7 파워릴레이 어셈블리 회로

1) 프리차지 릴레이 Precharge Relay 구동

프리차지 릴레이는 파워릴레이 어셈블리에 내장되어 있다. 운전자가 차량 구동을 위해 READY버튼을 누르면 고전압의 전원이 순간적으로 인버터와 관련 전장계통에 유입된다. 이는 부품의 내구성 저하로 이어질 수 있다. 따라서 처음에 낮은 수준의 전압을 인가하고 이어서 높은 전압을 공급함으로써 전압의 돌입 충격을 예방하는 차원에서 프리차지 릴레이를 설치한 것이다.

아래의 그림에서 플러스(+) 고전압 전원이 유입되면 배터리 센서를 거쳐 메인릴레이 (+)에 유입되기 전에 프리차지릴레이에 대기하게 된다. 이때 BMS ECU의 프리차지 릴레이 제어 단자에서 전원 5V를 인가하면 관련 코일이 자화되어 프리차지릴레이 스위 치는 닫히고 이 경로를 통해 인버터에 비교적 낮은 전원이 공급되게 된다.

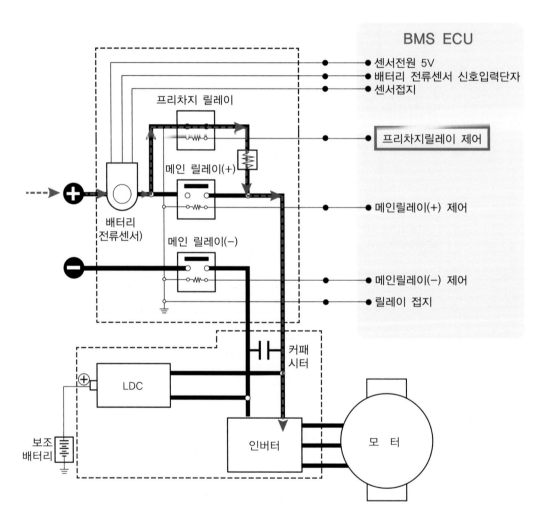

그림 8 파워릴레이 어셈블리 회로 프리차지릴레이 작동

2) 메인릴레이 구동

프리차지릴레이 구동으로 각 부품에 전원이 공급된 후 그림 9와 같이 BMS ECU는 메인릴레이(+, -)제어 단자에 5V전원을 공급하여 각 릴레이의 스위치를 ON하고 여기에 대기하고 있던 고전원을 인버터와 LDC에 공급하게 된다.

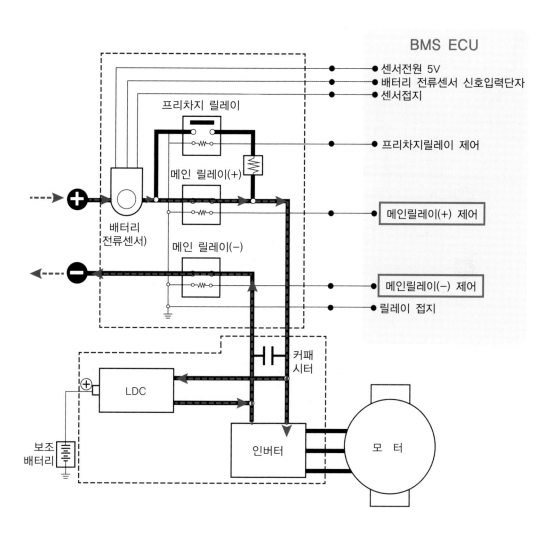

그림 9 파워릴레이 어셈블리 회로 메인릴레이 작동

3) 과전류 감지 시

메인릴레이가 모두 닫힌 상태에서 고전압배터리 전원이 각 부품에 공급되고 있을 때 배터리 센서가 과전류를 감지하게 되면 그림 10과 같이 메인릴레이 각 단자의 전원을 차단하여 고전압배터리의 공급을 차단한다.

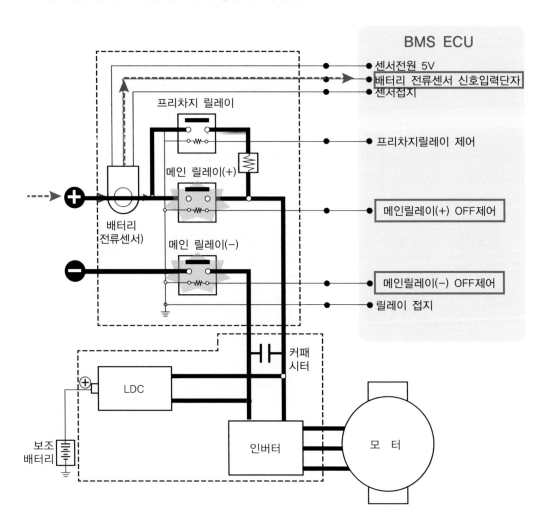

그림 10 파워릴레이 어셈블리 회로 과전류 상황

5 진단

배터리시스템의 정상적인 운용을 위해 각 시스템을 진단하고 고장 시에는 DTC (Diagnostic Trouble Code)를 출력하여 진단 정보를 제공한다.

관련 절차는 그림 11과 같다. 우선 배터리 시스템에 영향을 주는 각 센서 및 통신 정보를 BMS ECU는 입력 받는다. 이 때 비정상적인 정보가 입력되면(DTC 출력조건에 합당) 경고등 점등 또는 코드 출력, 페일세이프 모드 진입을 진행한다.

이후 시스템이 정상적으로 개선되거나 관련 현상이 사라질 경우에는 진단에서 해제된다.

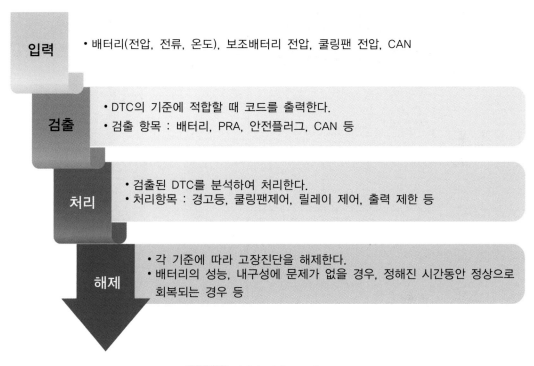

입력
• 배터리(전압, 전류, 온도), 보조배터리 전압, 쿨링팬 전압, CAN

검출
• DTC의 기준에 적합할 때 코드를 출력한다.
• 검출 항목 : 배터리, PRA, 안전플러그, CAN 등

처리
• 검출된 DTC를 분석하여 처리한다.
• 처리항목 : 경고등, 쿨링팬제어, 릴레이 제어, 출력 제한 등

해제
• 각 기준에 따라 고장진단을 해제한다.
• 배터리의 성능, 내구성에 문제가 없을 경우, 정해진 시간동안 정상으로 회복되는 경우 등

그림 11 배터리 진단 프로세스

다음의 예를 들어 설명해본다.

BMS의 DTC 중 '**P0A0D : 고전압시스템 인터록 회로 미체결**'가 있다. 이 코드는 고전압 배터리를 공급받는 해당 부품의 배선이 단선 되었을 때 이를 BMS가 감지하고 진단하여 출력하는 것이다. 그림12와 같이 안전플러그가 탈거된 상황은 배터리 직렬회로의 단선이기 에 P0A0D의 코드가 출력된다.

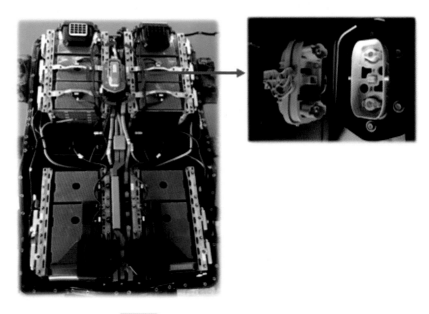

그림 12 안전플러그 탈거

진단 절차는 아래와 같다.

입력
- 고전압 배터리와 연결되어 있는 각 부품의 인터록 회로

검출
- 메인 스위치, 관련 퓨즈 단선에 의한 고전압 공급차단 검출
- 시스템 제어 이상으로 인한 배터리 팩 전압 과다 상승 및 하강 검출

처리
- 파워릴레이 처리 : 주행 중 고장 시(유지), 정차중 고장 시(차단)
- 경고등 : 1회 발생 시 점등

해제
- 각 기준에 따라 고장진단을 해제한다.
- 배터리의 성능, 내구성에 문제가 없을 경우, 정해진 시간동안 정상으로 회복되는 경우 등

그림 13 인터록 회로 진단

BMS ECU는 고전압을 사용하는 각 부품 회로에 삽입된 인터록 회로를 실시간으로 모니터링한다. 정상적으로 안전플러그가 삽입되면 그림 14와 같다. BMS ECU는 안전플러그 신호 단자에서 5V의 전압을 안전플러그 부품의 신호 스위치로 출력한다.

출력된 5V의 전압은 안전플러그를 경유해 다시 BMS ECU내부의 접지로 회귀하여 전압은 0V로 떨어진다. 따라서 BMS ECU는 출력한 5V의 단자전압이 0V로 전환되면 안전플러그가 정상적으로 삽입되었다고 판단하게 된다.

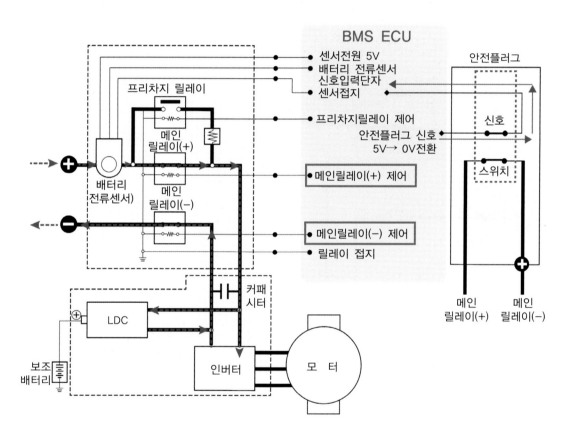

그림 14 파워릴레이 어셈블리 안전플러그 회로 1

그림 15와 같이 안전플러그를 탈거하거나 안전플러그 내부의 스위치 단자와 연결된 메인 릴레이 배선이 탈거될 경우 닫혀있던 스위치는 열리게 되고 0V로 인식하고 있던 BMS ECU 의 해당 단자는 센서 접지를 잃게 되어 5V로 전환하게 된다.

따라서 BMS ECU는 안전플러그 신호단자 전원이 5V로 인식할 경우 현재 안전플러그 회로의 단선(탈거)으로 판단하고 메인릴레이의 구동을 OFF하여 고전압배터리 전원을 차단 한다.

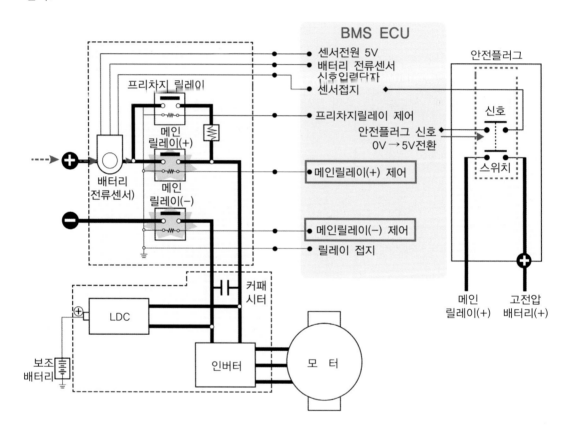

그림 15 파워릴레이 어셈블리 안전플러그 회로 2

6 냉각 제어

고전압 배터리의 냉각은 공랭으로 한다. 외부의 공기를 받아들여 배터리를 냉각하고 배출하는 방식이다. 동력원은 쿨링팬 모터를 사용한다. 모터는 BLDC형태이며 고전압배터리의 냉각상태에 따라 BMS ECU의 PWM신호에 의해 모터를 9단으로 속도 제어한다.

그림 16은 BMS ECU가 쿨링팬 모터를 제어하는 회로도를 나타낸 것이다. BCM(Body Control Module) ECU는 배터리 내부 온도를 파악하고 적절한 목표 팬 속도를 결정한다. 이후 BCM ECU의 Fan Speed 단자를 통해 결정한 팬의 속도를 PWM신호로 전환하여 팬 컨트롤러 FSPEED_C단자로 구동명령을 보낸다.

이를 받아들인 팬 컨트롤러는 파워 트랜지스터의 베이스단자로 구동명령을 보내고 이와 연결된 팬 모터의 단자를 접지하여 최종적으로 모터의 속도를 제어하게 된다. 여기서 VM단자는 팬 모터의 속도를 BCM ECU가 감시하기 위한 것이다.

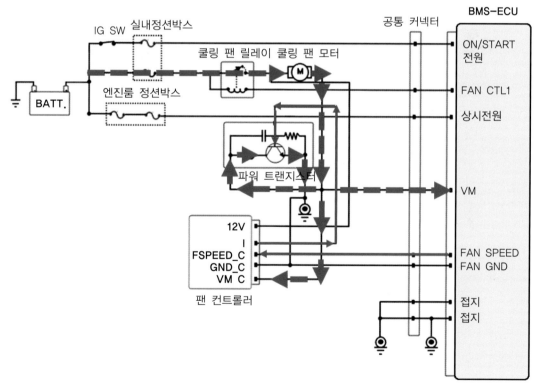

그림 16 배터리 냉각제어 회로

2 고전압 분배시스템

그림 17과 같이 고전압 정션박스는 스택과 고전압배터리의 전력을 이를 필요로 하는 모든 부품에 분배하는 역할을 한다. 위치는 연료전지 스택과 인접하여 장착되어 있다. 스택이 ON되면 고전압 정션박스는 고전압을 분배하는 역할을 하게 된다.

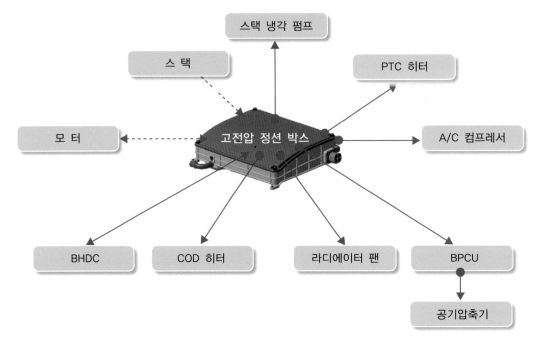

그림 17 수소전기자동차 고전압 계통도

그림 18은 고전압 제어 회로를 나타내었다. 스택에서 생산되는 400V 전기를 고전압 정션 박스를 통해 각 회로에 공급하고 있다.

그림 19와 같이 COD히터에는 릴레이가 2개 연결되어 있다. NC 밸브는 IG OFF시 스택 내부에 남아 있는 수소가 산소와 반응하여 비정상적인 전기가 생산될 경우 NC 밸브를 경유하여 COD히터 내부의 코일로 유입돼 열에너지로 전환 소모된다.

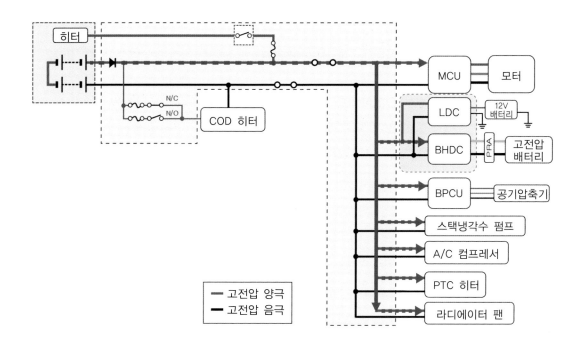

그림 18 수소전기자동차 고전압 제어회로

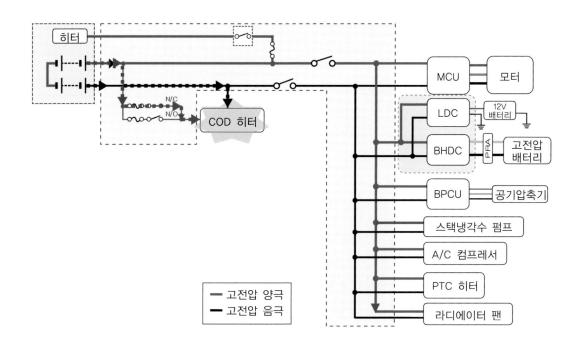

그림 19 수소전기자동차 고전압 회로 COD 작동

③ 12V제어 시스템

수소전기자동차의 일반 전장(와이퍼, 윈도우 등)을 제어하는 데에는 12V의 전원이 필요하다. 기존의 내연기관과 다른 점은 리튬이온폴리머 배터리를 사용하게 되고 제어는 BMS가 담당한다. 고전압배터리 내부에 삽입되어 있어 교환이 쉽지 않은 단점을 가지고 있다.

따라서 12V 전원 관리가 중요해진다. 이는 암전류를 정밀하게 제어해야 하는 당위성도 있다. 아래의 그림 20은 이러한 12V의 전원관리를 위해 추가적으로 사용되는 회로이다.

방전 시 12V 래치 릴레이가 작동하여 과도한 전압 인출을 막는다. 또한 방전 후 12V 래치 릴레이 OFF상태에서 정상 운용 시 12V 재접속 스위치를 릴레이를 다시 ON하여 시동이 가능하게 된다. 방전 후 시동을 30분 이상 유지하면 보조 배터리는 완전 충전된다.

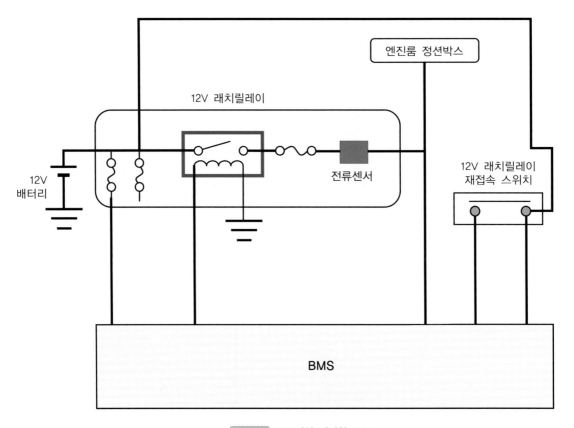

그림 20 12V전원 제어회로도 1

정상적인 패턴에서 시동을 ON하면 12V전원 공급은 아래 그림 21과 같이 엔진룸 정션박스에 공급된다.

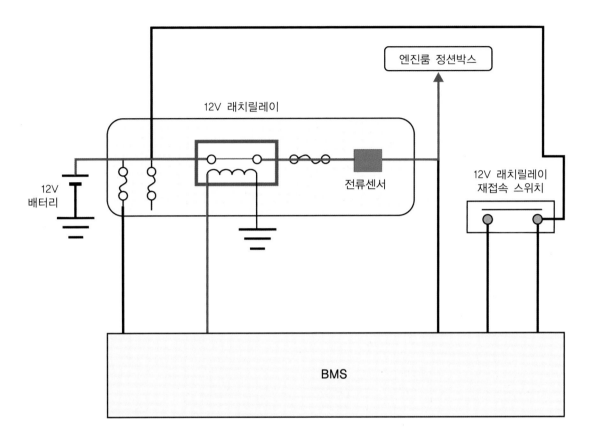

그림 21 12V전원 제어회로도 2

만일 12V 리튬 배터리의 방전이 높을 경우나 과전압이 발생되어 전류센서가 이를 인지하면 그림 22와 같이 BMS는 12V래치 릴레이의 공급전원을 끊어 12V의 전원이 더 이상 엔진룸 정션박스에 공급하는 것을 차단한다.

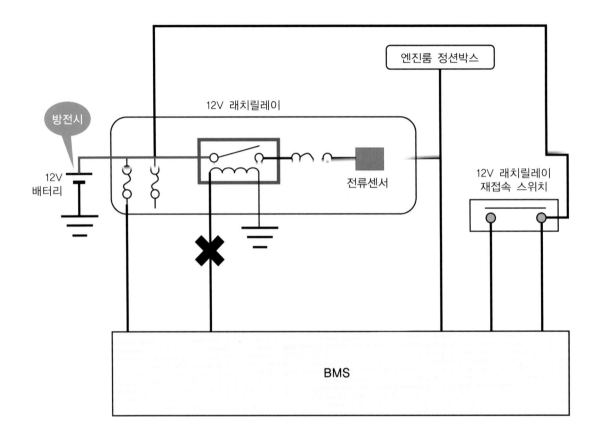

그림 22 12V전원 제어회로도 2

방전이 종료되고 운전자가 12V릴레이 재접속 스위치를 누르게 되면 아래의 그림 23과 같이 12V래치 릴레이가 동작하여 전원이 엔진룸 정션박스에 공급되게 된다.

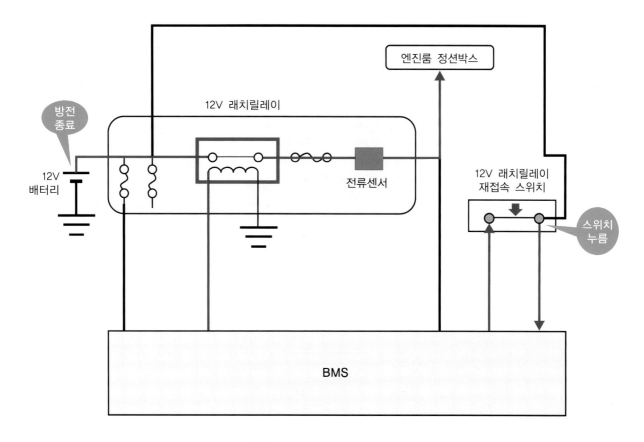

그림 23 12V전원 제어회로도 3

미세먼지 대책이 산업보다 먼저다

●●●●●●●●●●●●●●●●

동아일보

영화 '앤트맨'은 인간이 개미만 한 크기로 축소돼 악당을 물리친다. 본인보다 수십 배 큰 상대의 구석구석을 침투해 못살게 군다. 너무 작으니 잡기 어렵다. 역설적으로 크고 강한 힘은 작고 빠른 움직임에 무너진다. 우리에겐 지금 '미세먼지'가 그렇다. 작은 크기로 폐포 깊숙이 침투해 병을 만드는데, 디젤 엔진에서 배출되는 오염물질이 가장 큰 원인 중 하나다. 디젤 엔진은 연료를 연소시킬 때 최대한 잘게 쪼개 연소실에 분사해야 한다. 그래야 산소와 만나는 면적이 넓어져 잘 탄다. 잘 타면 폭발력이 좋아져 연비가 좋아지고 엔진은 잘 팔린다. 과거와 비교할 때 현재 디젤 엔진은 연료를 더 미세하게 쪼갠다. 점점 작게 쪼개니 배출가스의 성분도 비례해서 작아진다. 미세한 입자는 '앤트맨'이 돼 인체에 쉽고 빠르게 침투한다.

자동차 배출가스 규제는 환경보호에는 유리하나 관련 산업은 손해를 볼 수밖에 없다. 최근 유럽과 미국은 이와 관련해 다른 입장을 내놓았다. 독일 라이프치히 연방행정법원은 대기오염이 심각한 기간에 모든 디젤 차량 운행을 금지할 수 있는 판결을 내렸다. 반면 미국의 트럼프 행정부는 자동차 업계의 바람대로 '연비 강화 정책'을 폐기하고 기준을 완화하기로 했다.

한국은 어떠한가? 수도권 대기 환경오염 대책은 주로 노후 디젤 차량에 초점이 맞춰져 있다. 대기질이 악화되면 차량 2부제, 친환경차 보급 등의 정책을 펴지만 근본적인 해결방법이 되지는 못한다. 맑고 청명한 하늘을 기대하려면 독일처럼 정상적인 디젤 차량에 대한 통제가 필요하다. 물론 이런 정책은 산업에 악영향을 끼칠 가능성이 높다. 실제 독일에서는 디젤 자동차의 판매율이 10%나 하락했고 그 공백을 전기차, 하이브리드자동차가 메웠다. 아직 친환경 자동차의 인프라와 수익성이 확보되지 못한 국내 자동차기업들은 디젤 자동차에 의지하는 비율이 높다.

정부는 자동차 산업과 환경보호를 모두 고려해 고심하고 있다. 중요한 것은 시간이 많지 않다는 점이다. 사람들은 지금도 숨을 쉬어야 하고 폐는 미세먼지의 공격을 받는다. 중국은 미세먼지 감축을 위해 목표량을 설정하고 지방 정부에 경쟁을 유도했다. 차량 2부제는 물론 배출가스가 심할 때는 외부에서 고기마저 굽지 못하게 했다. 그 결과 괄목할 만한 효과가 나타났다.

P·A·R·T

05

통신 네트워크 시스템

통신 네트워크 시스템

본 장에서는 수소전기자동차에 적용되어 있는 통신의 종류에 대해서 살펴보고자 한다.

우선 자동차 통신의 기초에 해당하는 방법을 설명하고 이후에는 적용이 어떻게 되는지를 확인한다.

그림 1과 같이 수소전기자동차에 적용되는 CAN통신은 대략 6개로 구성된다.

D CAN(Diagnosis)은 진단 장비와 연결되어 각 ECU에서 레코딩 된 고장코드나 센서 물리량을 확인하는데 사용되고, P CAN(Power train CAN)은 파워트레인을 제어하는 각 ECU간의 정보를 주고받는데 사용되며 C CAN(Chassis)은 연료전지 시스템의 제어기와 섀시 제어를 하는 ECU간의 통신에 사용된다.

한편 B CAN(Body)은 바디전장 ECU간의 통신인데 여기 Hi Speed CAN을 적용하였다.

기존의 차량 보다 편의 사항이 증대되면서 데이터의 상승에 대비하였다. MM CAN(Multi Media)역시 기존의 차량보다 운전자에게 보여주는 화면의 구성이 높아졌고 UX의 증대로 정보량이 증가하여 채택되었다.

주의할 점은 연료전지에서 전력을 생산하여 이를 변환하는 핵심부품인 ECU(BPCU, MCU, BHDC, LDC, SVM)는 별도의 F CAN(Fuel Cell CAN)으로 구성하여 FCU와 통신하는 구조로 되어 있다는 것이다.

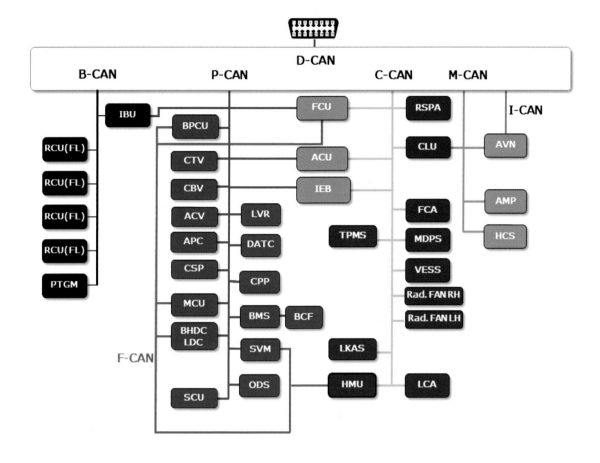

그림 1 수소전기자동차 네트워크

prologue 1 · 자동차 통신 기초

왜구가 부산으로 침략하였다. 부산 금정산 정상에서 올라가 봉화를 피운다. 그러면 멀리 대구 팔공산 정상에서는 부산에서 피워 올린 봉화를 보고 '아! 왜구가 침략 했구나' 라는 정보를 받는다.

그리고 팔공산 정상에서는 다시 봉화를 피워 '아! 왜구가 침략했구나'라는 정보를 경주로 보내고 똑같은 작업을 경주에서 대전, 대전에서 한양 이런 식으로 보낸다.

이러한 일련의 흐름을 적어 보면,

왜구 침략 ▶ 부산 봉화대 ▶ 대구 봉화 ▶ 경주 봉화대 ▶ 대전 봉화대 ▶ 한양 ▶ 임금님께 보고 완료, 이렇게 된다.

이 통신의 과정은 **단방향 통신**이다. 즉 '왜구 침략'이라는 정보를 일방적으로 임금님께 보고하기 위한 통신 방법으로 이를 단방향 통신이라고 한다.

결론부터 말하면 현재 자동차 통신 시스템 중 **LIN**(Local Interconnect Network), **MUX**(Multiplex)에 일부 적용되어 있다.

이번에는 스마트폰 얘기를 해보자. 스마트폰으로 전화를 건다. 저 멀리서 친구가 전화를 받는다. 그럼 이번 주말에 영화나 보자고 내가 물어본다. 그러면 친구는 무슨 영화 볼 거냐고 다시 물어보고, 나는 대답하고, 친구는 몇 시에 볼 거냐고 물어보고, 난 또 다시 대답하고, 이런 일련의 이 통신 과정은 **양방향 통신**이라고 할 수 있다.

즉 '스마트폰을 통해 영화를 보려고 하는 정보'의 교환은 나와 친구 양쪽의 정보 교환을 통해 이루어진다. 결론부터 말하면 현재 자동차 통신 시스템 중 **CAN**(Controller Area Network) **통신**이 바로 이 양방향 통신이 되겠다.

분위기를 좀 바꿔서, 요즘 자동차를 보고 있으면 흡사 전자제품을 보고 있는 느낌이 든다. 이게 자동차인지 아니면 컴퓨터인지 분간이 좀 어려울 정도이다.

컴퓨터를 들여다보자. 집에 있는 컴퓨터의 전원을 켠다. 그러면 어떠한가. 전원을 켜자마자 인터넷 서핑도 되고 오락도 되고 하는가? 아니다. 부팅이라는 과정을 거친다. 부팅이 무엇인가? 컴퓨터가 정상으로 작동이 가능한지 자기 진단하는 과정이라고 생각하자. (물론 다른 기능도 많지만…)

그림 2 양방향 통신

다시 자동차로 돌아오자. 자동차에도 역시 여러 가지 모듈을 제어하기 위해 컴퓨터의 기능이 들어간다. 그렇다면 이 컴퓨터도 자기 진단을 한다. 자동차용 컴퓨터의 특징은 고장을 코드 DTC(Diagnostic Trouble Code)화 하여 기억하였다가 자기 진단기를 통해 이를 정비사에게 보여 준다.

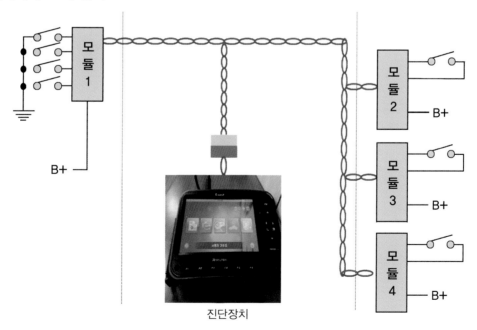

진단장치

그림 3 진단장치

이때 자동차용 컴퓨터와 자기 진단기는 통신을 통해 컴퓨터 내부에 있는 DTC의 정보를 확인한다. 어떠한가? 이것도 통신이다! 이러한 통신은 K-LINE 통신을 사용한다.

그런데, 점점 자동차에 전자제어 기술이 많이 들어가면서 자동차용 컴퓨터의 수량도 늘어가게 된다. 수량이 늘어나면 통신의 양도 비례하여 증가된다. 어느 순간 K-LINE 통신으로 처리하기에는 너무나 많은 정보량이 발생되었다. 이를 극복하기 위해서 개발된 통신, 즉 빠른 자기 진단 통신을 위해 도입한 것이 KWP 2000 통신이다. (현재는 CAN 통신을 이용하는 경우가 많다.

 LIN Local Interconnect Network **통신**

아래 그림을 봐주기 바란다. 당연히 LIN 통신을 설명하기 위해 그렸다. 맨 위에 있는 분은 왕이다. 그 밑에는 왕의 명령을 기다리는 노예들이고… 다들 알겠지만 노예가 왕에게 따질 수 있는가? 없다. 그저 시키는 대로 할 뿐이다. LIN 통신은 이 그림 하나로 설명이 완료되었다고 볼 수 있다.

그림 4 LIN통신 예

이렇게 끝내면 필자에게 돌을 던지는 수많은 독자들이 안 봐도 눈에 선함으로....우선 왕이 명령을 내리면 노예는 명령에 따라 움직이면 되기 때문에(노예는 군소리도 못하고 일을 해야 함) 통신선은 1선만 있으면 된다. 이를 정리하면 **single-wire 방식**이라고 한다.(여기서 왕은 실제 차에서 '**모듈**'이고, 노예는 '**센서**'이다.)

또한 왕과 노예와의 관계에서의 통신이므로 Master(주인) – Slave(노예) 방식이라고 하며, 왕은 하나이고 노예는 여러 명이므로 Single Master Multi Slave 통신이라고도 한다.

실제적인 차량에서 이해해 본다면, Master가 통신 개시 명령을 Slave에게 내리면 센서에 해당하는 Slave는 자신이 감지한 정보를 Master에게 전달하는 방식으로 시스템이 동작하는 것이다. 이젠 실차 회로도를 보도록 하자.

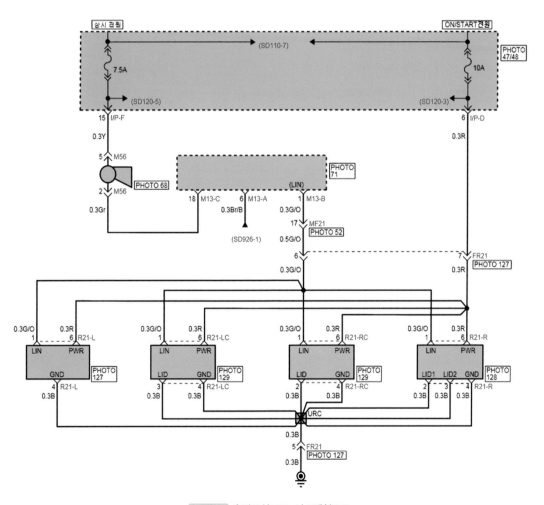

그림 5 후방주차보조 시스템회로도

그림 5의 회로도는 LIN 통신이 적용된 후방 주차 보조 시스템 회로이다. 이를 알기 쉽게 다음 페이지와 같이 그려본다.

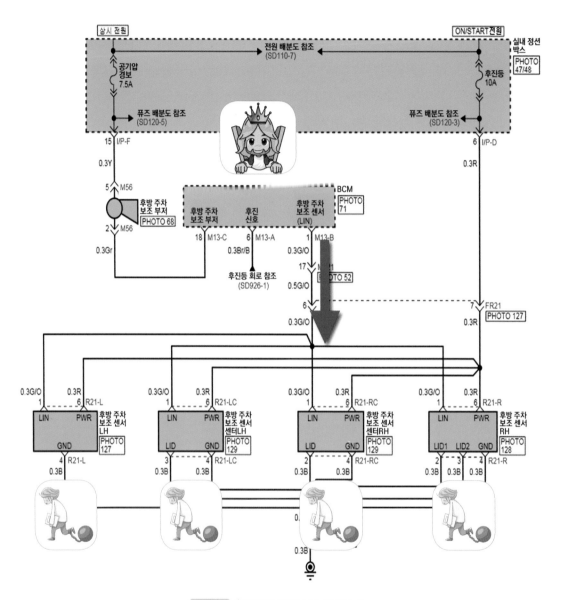

그림 6 후방주차보조시스템 회로도 2

즉, 왕은 **BCM**(Body Control Module)이며, 노예는 각 **후방 주차 보조 센서**가 된다. 빨간색 화살표는 왕(BCM)이 명령을 내릴 때 사용하는 single-wire라고 보면 된다. 즉 이 선은 앞서 설명한대로 단방향으로 내려지는 명령선이 되겠다.

그렇다면 이 LIN 통신의 특징은 무엇일까?

이러한 부분은 자격증 시험이나 각 학교에서 시험문제로 종종 나오곤 한다. 그렇다면 외워야 하나? 전혀 그렇지 않다. 저 그림인 왕과 노예와의 관계를 생각해 보기 바란다.

우선 이 다음 장에 나올 CAN 통신에 비해 가격이 싸다. CAN 통신은 2선으로 정보를 주고받지만, LIN 통신은 1선으로 정보를 운용한다.

다음으로는 통신 속도가 느리다(CAN 통신에 비하여). 이것은 각 통신만이 갖는 고유한 특징으로서 처리 속도는 약 20kbps 정도로 보면 된다. 그렇다면 이 시스템이 어디에 적용될까?

그렇다. 정보의 처리 속도가 느리므로 가급적 안전, 파워트레인 계통에는 LIN 통신을 사용하면 안 된다. 생각해 보자. 시속 100km로 달리는 자동차가 급선회할 때 자세 제어를 위해 작동하는 시스템이 있다. 이 시스템의 통신 속도는 어때야 할까?

그렇다. 빨라야 한다. 그렇지 않은가? 빠르지 않으면 급격한 자세 변화에 민첩하게 차체를 제어하기 어렵기 때문이다. 그래서 섀시 캔(C-CAN)은 주로 고속(대략 1Mbps) 통신을 사용한다.

그렇다면 저속 통신인 LIN 통신을 사용하는 시스템은 무엇이 있을까? 위 예처럼 천천히 후진하면서 후방의 장애물을 감지하는 후방 주차 보조 시스템, 와이퍼 제어 시스템, 배터리 센서 등등..... 비교적 정보의 운용 속도가 느려도 문제가 없는 시스템에 채택되어 있다. 물론 이러한 시스템도 빠른 고속 통신을 사용하면 좋다. 그러나 자동차의 제작 비용과 통신의 처리 효율을 향상시키기 위하여 고속 통신이 불필요한 곳은 LIN 통신을 사용하는 것이다.

2 K-LINE 통신

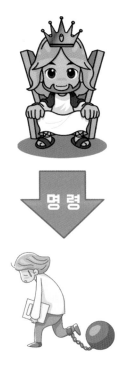

그림 7 K-LINE 통신의 개념

이 통신 역시 LIN 통신과 동일하게 왕(Master), 노예(Slave)간 통신이라고 하겠다. 그러나 이번엔 마스터는 진단 장비이며, 슬레브는 각 모듈이 된다. 즉, 진단 장비가 각 모듈을 통해 '지금 네가 가지고 있는 정보를 나에게 보여 주어라'라는 명령을 내리면 각 모듈은 자신의 정보를 진단기에게 보여 줘야한다.

독특한 것은 이 통신은 진단기(왕)와 모듈(노예) 사이에 일대일 통신이라는 점이다. 아까 언급했던 LIN 통신은 1대가 모두 통신이 가능하나, 이번 통신은 오로지 진단기(왕)가 1모듈(노예)에만 명령을 내릴 수 있다는 점이다.

통신선은 1선만 있으면 된다. 이를 정리하면 single-wire 방식, Master(주인) - Slave(노예)방식, 단방향 통신 등은 LIN 통신과 동일하다고 볼 수 있다. 자 그럼 실차에서는 K-LIN 통신이 어떻게 되어 있을까? 이젠 실차 회로도를 보자.

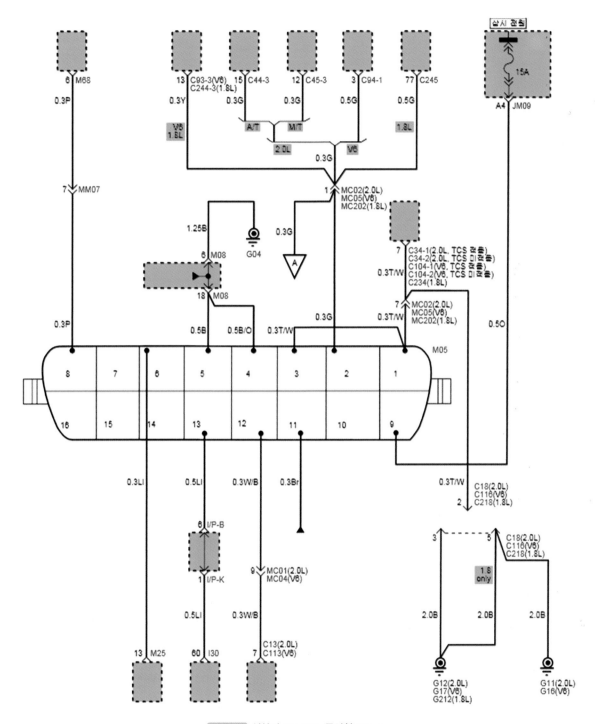

그림 8 실차의 K-LINE 통신회로도 1

이를 알기 쉽게 이렇게 그려본다.

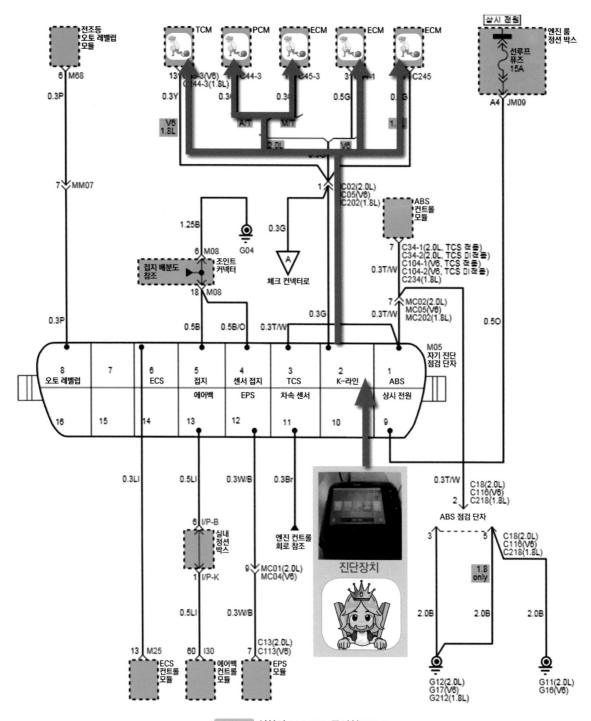

그림 9 실차의 K-LINE 통신회로도 2

즉, 왕은 진단 장치이며, 노예는 각 모듈이 된다. 빨간색 화살표는 왕(진단장치)이 명령을 내릴 때 사용하는 single-wire라고 보면 된다. 이 선을 통해 왕은 노예에게 명령을 내리고, 노예는 왕에게 본인이 수행한 일에 대한 정보를 전달하는 것이다.

그렇다면 이 K-LIN 통신의 특징은 무엇일까?

우선 진단 장비와 각 모듈간의 통신을 통해 모듈에 저장되어 있는 고장 정보의 조회, 모듈의 센서 데이터 수치 등을 확인할 때 사용된다. 이는 차량을 진단 수리할 때 자주 이용되는 것이다. 따라서 통신 속도가 빠를 필요가 없다. 대략 10kbps 이하 정도로 생각하면 된다. 이 외에도 이모빌라이저 시스템에도 사용되기도 한다.

앞서 언급했지만 현재 자기진단 통신은 제어 시스템의 급증으로 모듈의 개수가 늘어나서 점차적으로 K-LINE 대신 CAN 통신을 이용하고 있다.

●●● 수소충전소 알기 3

수소전기자동차가 충전소에 들어오면 각 저장탱크에 있던 수소가 우선적으로 사용되는데 차압(압력차이)을 이용한 충전이 이뤄진다.

차압에 의한 충전이 진행됨에 따라 수소전기차 저장탱크의 압력과 저장탱크의 압력이 비슷해지면 차압이 발생되지 않아 더 이상 충전이 불가능함으로 압축기를 작동하여 추가적인 압력을 발생하게 된다. 이 과정은 일반적으로 3 ~ 5분 내에 충분히 이루어지기 때문에 전기자동차에 비해 충전시간이 상대적으로 짧다고 할 수 있다.

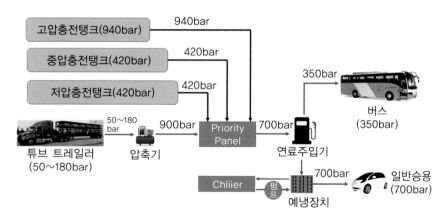

③ CAN 통신

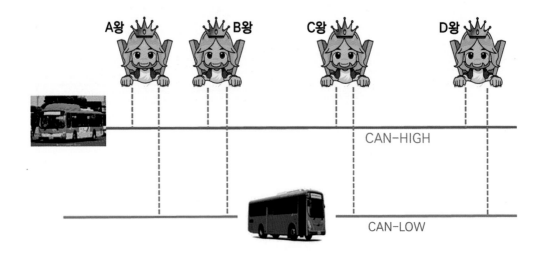

그림 10 CAN통신의 개념

위 그림을 봐주기 바란다. 당연히 CAN 통신을 설명하기 위해 그렸다. 그런데 LIN 통신과는 좀 다르다. 아까는 노예도 보였고 왕은 하나였으며, 그 왕이 절대 권력을 마구 휘둘렀다. 즉 노예는 찍 소리도 못하고 왕이 시키는 대로 군말 없이 일을 해야 했다.

그러나 지금은 상황이 좀 다르다. 일단 왕을 세어 보자. 몇 명인가?

4명이다. 그러면 이 4명의 왕은 누가 누굴 지배하지 못한다.

그렇다면? 그렇다. 명령이 아닌 대화!! 이제부터 CAN 통신은 대화!! 대화!! 대화!! 이다.

앞에서 설명한 스마트폰 대화의 '양방향 통신'을 기억하지? 즉 A라는 왕이 자신의 정보를 버스에 실어 오류 없이 다른 왕들에게 보내면 B, C, D의 왕은 필요에 따라 이 정보를 선택하여 받아들이게 된다.

이 CAN 통신의 특징은 처리 속도가 빠름으로 차체 자세 제어 시스템(VDC)이나 파워 트레인에 주로 사용되며, 멀티미디어와 바디 통신에도 그 영역이 점차 확대되고 있다. 한편 CAN-HIGH 라인과 CAN-LOW 라인에 있는 버스를 봐주기 바란다.

우리는 이것을 **데이터 버스**라고 부른다. 그 이유는 각 모듈이 데이터를 주고받기 위해서는 마치 버스에 승객을 탑승시키듯 데이터를 버스에 탑승시켜 각 모듈에 전달해 주는 역할을 하기 때문이다.

자 그럼 실차에서는 CAN 통신이 어떻게 되어 있을까?

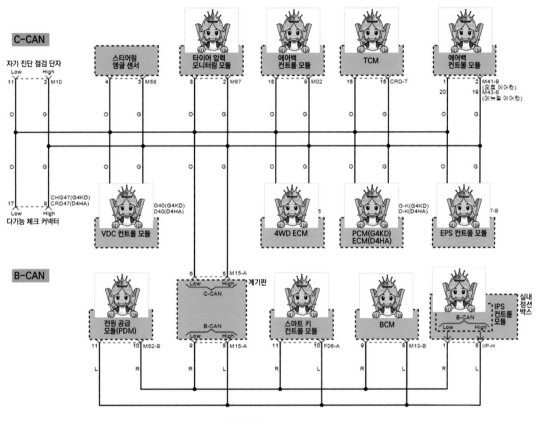

그림 11 투싼X 회로도

그림 11에 왕이 몇 명인가? 얼핏 봐도 10명이 넘는다. 그러면 위 CAN 통신의 특징은 어떠한가? 앞서 언급한 대로 우선 2선 방식의 통신 시스템이다. 자세한 내용을 설명하기 위해 분위기를 살짝 바꾸어……

어느 날 당신이 VDC가 장착된 차량을 시속 200km로 운전하고 있다. 그런데 마침 밑이 보이지 않는 낭떠러진 길이다! 급 코너에 진입하는 순간 자동차는 언더 스티어링 현상이 나타나게 되고…… 긴급하게 VDC 제어를 하려고 하는 순간 …… 우연찮게도 CAN 통신선이 끊어진다면…… 어떻게 되겠는가?

또는 그 순간 외부의 전파 장애로 CAN 통신선에 노이즈가 침범하여 제어하는데 문제를 일으킨다면… 결과는 아마도 VDC 제어가 되지 않아 자동차는 차선을 이탈하여 저 멀리 낭떠러지로 떨어질 것이다. 그러면 되겠는가? 안 되겠는가? 안 된다. 결단코!!!

따라서 CAN 통신은 기본적으로 2선을 통신하는 것을 기본으로 한다.(이 2선이 인접하여 있다. 이것을 우리는 Twisted Pair Wire라고 부른다.) 즉 1선이 끊어지더라도 다른 1선으로 통신이 가능할 수 있기 때문이다.

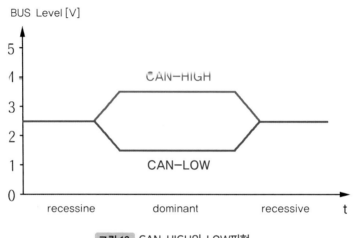

그림 12 CAN HIGH와 LOW파형

위 그래프는 CAN 통신의 전형적인 그래프이다.

그림 12의 CAN HIGH와 LOW의 파형 을 직접 측정한 것이다. 어떠한가? 그림을 보면 알 수 있듯이 CAN HIGH와 LOW의 파형 을 가로를 기준으로 '딱' 하고 접으면 정확히 똑같다.

즉 CAN HIGH와 LOW의 배선 중 하나의 배선이 끊어지더라도 나머지 1선을 가지고 끊어진 1선에 대한 정보를 유추해 낼 수 있다.(물론 유추해 내는 방법은 CAN 내부 하드웨어 에서 처리하는 방법이 있지만 우리가 그것까지 알기에는 앞으로 건너야 할 산이 많으므로 이쯤해서 접어두자.) 즉 '1선을 가지고 정상적인 통신이 가능하다.' 라는 뜻이다.

여기서 하고 싶은 말은 결국 CAN 통신은 고장에 대해 비교적 안정적인 통신이 가능하다는 말을 하고 싶은 거였다. 또한 2선으로 통신할 경우 노이즈가 침범 하더라도 통신의 안정적인 운용이 가능하다.

아래의 그림 13을 봐주기 바란다.

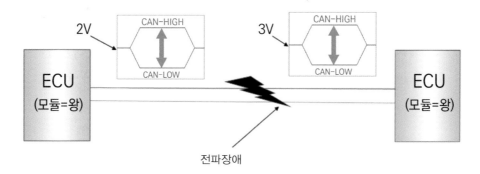

그림 13 CAN배선의 전파방해

그림 14 실제의 CAN통신 배선

　정상적인 CAN 통신 파형의 기준 전압이 2V라고 가정하자.

　이때 외부 '**전파방해**'가 발생하게 되어 기준 전압이 3V로 비정상적으로 변한다고 해도 CAN HIGH와 LOW 파형의 전압 차이(↕)는 변하지 않는다. 그 이유는 CAN HIGH와 LOW의 배선은 서로 인접해 있으므로 전파 장애가 발생하면 동시에 영향을 받기 때문이다.

　따라서 외부의 전파 노이즈가 유입되면, High와 Low 라인의 두 선이 모두 같은 영향을 받으므로 두 선의 전압 차이는 영향이 거의 없다고 볼 수 있다. 이에 따라 안정적인 신호의 전달이 가능하다.

앞서 언급한 바와 같이 CAN 통신의 1선이 끊어져도 정상적인 동작은 가능하다. 그런데 이 차는 정상인가? 비정상인가?

비정상이다. 동작은 정상이지만 이 자동차는 분명 비정상이다. 그렇다면 CAN통신 시스템의 고장 사항에 대하여 정비사에게 알려 줄 필요가 있다.

따라서 자동차를 수리하기 위해 정비소에 입고 시 자기진단을 해보면 다음과 같은 고장 코드가 출력된다.

그림 15 CAN 통신선 1선시 고장 코드

'CAN ERROR(에러)'라는 고장 코드가 출력된다.

여기서 한 가지 더. 2선이 모두 끊어지면 통신은 완전히 안 된다. 따라서 이때는 다음과 같은 CAN BUS OFF(오프)라는 고장 코드가 출력된다.

자기진단

IFU :CAN BUS OFF

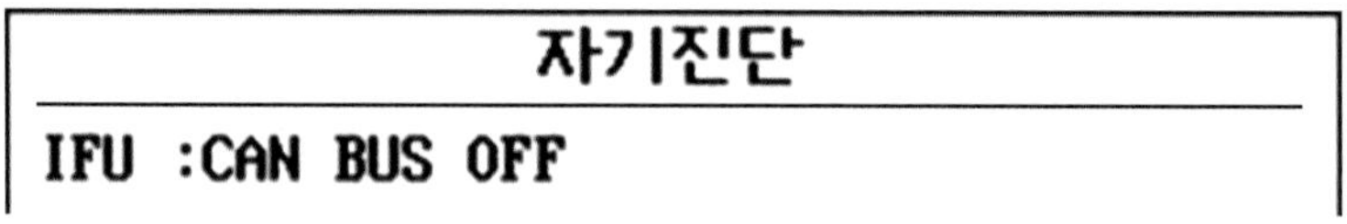

그림 16 CAN 통신선 2선시 고장 코드

4 CAN의 종단저항과 합성저항

1) 종단저항

종단 저항.... 이름만 들어보면 무슨 저항이긴 저항이다. 그런데 말뜻을 풀어보면 어딘가 마지막에 걸쳐 있는 저항이라는 것으로 해석해 두자.

그렇다. 우리가 지금부터 분석하는 C-CAN 회로의 끝과 끝에 배치되어 있는 저항이다. 결론적으로 이 저항이 바로 CAN 통신을 가능하게 하는 정말정말 중요한 저항이다. 그래서 이번 장에서는 종단 저항이 무엇인지 알아보려고 한다.

우선 그림 17을 보기 바란다.

'종단 저항'은 CAN HIGH와 LOW 선의 끝과 끝에 연결되어 있다. 그렇다면 왜 이렇게 양쪽에다가 연결해 놓았을까? 다음 두 가지 이유로 설명할 수 있겠다.

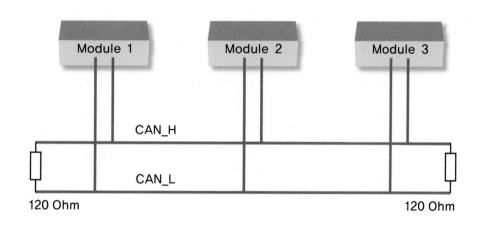

그림 17 종단저항 배치위치

첫째 : CAN 통신 회로에 일정한 전류가 흘러 다녀야 하기 때문이다.

만일 그림 16에서 종단 저항이 없다면 어떻게 되겠는가? CAN HIGH와 LOW는 단선(선이 끊긴 상태) 상태가 된다. 단선이 된다는 것은 CAN 통신의 회로를 구성할 수 없음을 의미한다. 쉽게 말해 전류가 흘러 다닐 수 있는 회로 구성이 안 되어 통신 자체가 불가능 해진다. 또한 일정한 전압 레벨을 유지하지 못하게 된다.

둘째 : **노이즈 제거가 필요하기 때문이다.**

CAN HIGH와 LOW 라인을 통해 수많은 정보들의 전기 신호가 왔다 갔다 한다. 만약 종단 저항이 없다면 이 신호들이 라인의 양 끝단에 도달하면 대기와 직접 부딪히게 된다. 신호의 특성 상 부딪히는 순간 반사 신호가 생성되고 이는 노이즈의 형태로 CAN 라인과 연결된 각 제어기로 유입되고, 이는 노이즈(잡음)가 되어 정상적인 통신을 방해한다. 따라서 이를 방지하기 위하여 종단 저항이 필요하다.

그렇다면 실차에서는 이 종단 저항이 어디에 있을까? 일반적으로 CAN 통신 회로를 구성하는 모듈(ECU) 내부에 삽입되어 있다. 또한 예외적으로는 클러스터 모듈(계기판), 스마트 정션 박스, BCM 등에 임의적으로 삽입되어 있다

실세 세어기 내부에 삽입되어 있기 때문에 육안으로는 볼 수 없다. 따라서 존재의 확인은 멀티미터로 측정을 통해 확인할 수 있다.(이 종단 저항은 일부 CAN에서는 측정할 수 없는 것도 있다.)

2) 게이트웨이

나라가 다르면 언어도 다르다. 즉 한국에서는 한글, 미국에서는 영어다. 자동차의 CAN 통신도 마찬가지다. 섀시 쪽에 대한 통신을 맡고 있는 부분을 C-CAN이라고 하면 바디 전장 계통을 맡고 있는 부분은 B-CAN이라고 할 수 있다.

즉, 같은 CAN 통신 회로라고 해도 엄연히 둘은 한글과 영어처럼 언어가 다르다고 할 수 있겠다. 그렇다면 이 다른 두 언어를 서로 주고 받을 수 있도록 해 줄 그 무언가가 필요하겠다.

쉬운 말로는 다른 두 언어를 통역해서 C-CAN과 B-CAN이 서로 서로 대화가 되도록 해주는 장치. 그것이 게이트웨이(gate-way)이다. 이 부분을 회로도상에서 찾는 방법은 회로도에 표시된 모듈 내부에서 C-CAN과 B-CAN

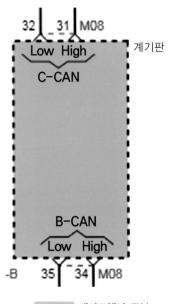

그림 18 게이트웨이 구분

또는 서로 다른 종류의 통신선(예를 들어 C-CAN과 M-CAN)이 만나는 부분이라고 볼 수 있다.

그럼 게이트웨이를 찾는 이유는 무엇인가? 그렇다. 통신선의 종류를 구분할 줄 알아야 하기 때문이다. 통신선이 다르면 진단하는 방법의 차이도 조금씩 다른 부분이 있기 때문이다.

이번 책에서는 C-CAN 회로도를 우선적으로 분석하는 것을 목표로 하였음으로 게이트웨이를 찾아 C-CAN을 구분할 수 있도록 해보자.

3) 합성저항 이론

가급적 이론을 배제하고 싶은 것은 필자 역시 이론 앞에서는 한숨부터 쉬고 무언가 머리가 어지러워지는 현상이 발생하기 때문이다. 그래도 이것만은 꼭 알아야 하기 때문에 알고 넘어 가자!!

그림 19와 같이 저항이 직렬로 연결되어 있다. 합성저항(A와 C사이의 측정)은 얼마인가?($R_1 = 120\Omega$, $R_2 = 120\Omega$) 그렇다. 그냥 더하면 된다. 240Ω이 된다.

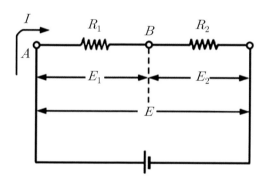

그림 19 직렬합성저항

그렇다면 그림 20에서는(A와 B사이의 측정)?

이건 좀 복잡하긴 한데($R_1 = 120\Omega$, $R_2 = 120\Omega$) …

$\dfrac{1}{\dfrac{1}{R_1} + \dfrac{1}{R_2}}$ 에 대입하면 60Ω이 된다.

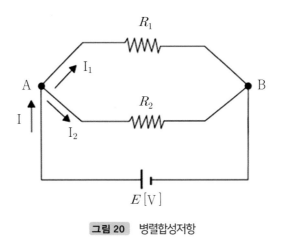

그림 20 병렬합성저항

그렇다. 앞서 언급한 종단 저항은 120Ω이며, CAN 통신 회로의 양끝에 2개가 병렬로 연결되어 있다. 따라서 정상적인 회로에서 측정하면 얼마가 나올까?

그렇지!! 60Ω!! 그런데 그림 21처럼 R_2의 저항을 없앤다면 저항 측정 시 얼마가 되겠는가?

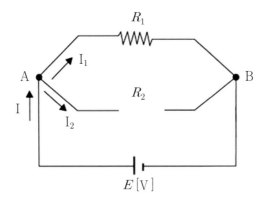

그림 21 저항 R₂가 없는 경우

너무 쉬운가?

앞으로 전개될 CAN 통신선의 단선을 추정하는데 이 이론이 얼마나 중요한가를 깨닫게 되는 순간이 곧 온다. 책의 밑을 보지 말고 우선은 생각해 보자.

R_2를 제거한다면 회로 내의 총 저항은 얼마가 되겠는가? 그렇다 120Ω이 된다.

아래의 그림을 보자. 저항 테스터기 1과 저항 테스터기 2에서 측정되는 저항값은 얼마이겠는가?

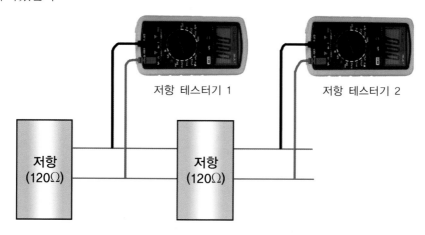

그림 22 저항이 병렬로 연결되어 있는 형태

결국 이 그림은 그림 22에서와 같이 저항이 병렬로 연결되어 있는 형태이다. 따라서 모두 60Ω으로 측정된다. 그렇다면 다음과 같이 배선이 단선된 상황이 되면 어떻게 측정 되겠는가?

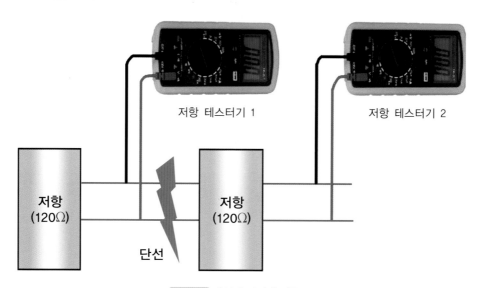

그림 23 배선이 단선된 경우 1

저항 테스터기 1과 2에서는 얼마가 측정될까? 늘 말하지만 아래의 내용을 보지 말고 '생각'하기 바란다. 이제 생각하라는 말을 너무 많이 해서 잔소리로 들릴까봐 앞으론 생략하려 한다. 회로에 단선이 발생되어 각 저항의 병렬관계는 이루어지지 않는다. 따라서 저항 테스터기 1, 2, 모두 저항 1과 저항 2가 가지고 있는 각각의 저항값인 120Ω이 측정된다.

여기서 중요한 포인트가 있다. 단선이 이루어지면 해당 부위에 따라 저항이 변화한다. 즉 병렬관계에서 합성저항을 이루고 있는 회로가 단선이 발생되면 저항값이 바뀌게 된다. 이는 중요한 진단의 아이디어를 제공한다.

실제 CAN 회로가 위와 같이 구성 되어 있다. 따라서 CAN 회로에서 단선이 발생되면 측정 위치에 따라 60Ω, 120Ω 혹은 ∞의 종단 저항이 측정된다. 그러면 또 다른 상황인 아래와 같은 단선은 어떻게 될까?

저항 테스터기 1과 2에서는 얼마가 측정이 될까? 단선이 이뤄진 구간은 저항의 병렬관계를 무너뜨리지 않는다. 따라서 저항 테스터기 1은 60Ω이 측정된다. 그러나 저항 테스터기 2는 저항 2(120Ω)를 공급받지 못함으로 ∞가 된다. 이번엔 또 다른 상황이다.

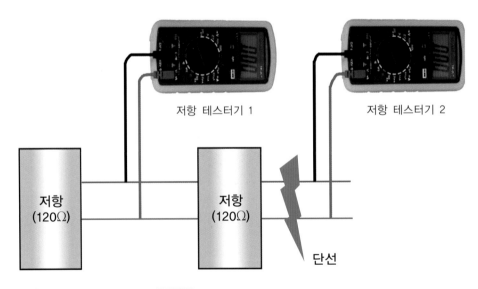

저항 테스터기 1   저항 테스터기 2

저항
(120Ω)

저항
(120Ω)

단선

그림 24 배선이 단선된 경우 2

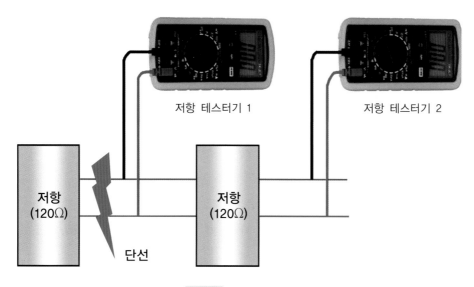

그림 25 배선이 단선된 경우 3

단선이 발생되어 저항의 병렬관계는 무너진다. 그러나 저항 2의 120Ω의 저항을 저항 테스터기 1, 2가 공유함으로 둘 모두 120Ω이 측정된다.

수소충전소(Hydrogen Refueling Station, HRS)는 보통 5가지 장치가 기본이 된다.
탱크에 저장된 연료를 이송하는 **수소공급장치**, 각 과정에서 연료의 압력을 높이는 **압축장치**(compressor), 연료를 보관하는 **수소 저장장치(탱크)**, 높은 압력에 의해 상승하는 연료의 온도를 미리 낮추는 **예냉장치**(pre-cooler), 최종적으로 차량에 연료를 주입하는 **충전기**(dispenser) 및 차종에 따라 연료를 분배하고 제어하는 **충전소 운전장치**(priority panel) 등이다.

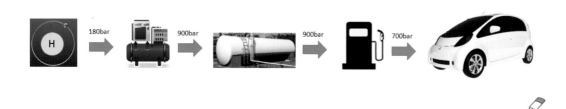

2 D CAN 적용

    D CAN은 진단기와 각 모듈간의 통신 시 사용된다. 그림 26과 같이 ICU정션블록 내부의 IPS컨트롤 모듈과 진단장비가 접속하여 각 ECU와 통신을 한다. 회로의 양쪽에는 종단저항이 배치되어 있어 CAN BUS에 일정한 전류가 흐르게 하며, 반사파 없이 신호를 주고받을 수 있게 하는 기능을 담당한다.

    아래의 그림과 같은 경로로 진단기는 각 ECU에 접근하여 진단한다. 양측의 120Ω의 종단저항이 병렬로 배치되어 있어 합성저항은 60Ω이다.

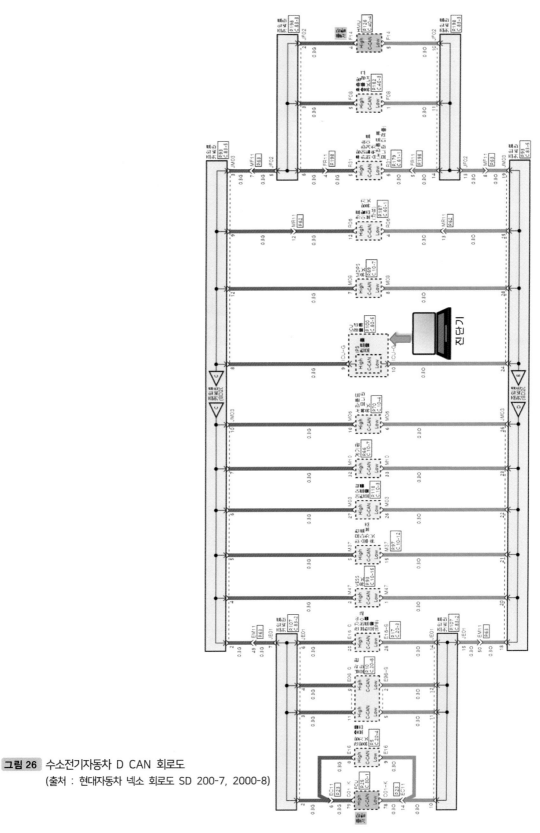

그림 26 수소전기자동차 D CAN 회로도
(출처 : 현대자동차 넥소 회로도 SD 200-7, 2000-8)

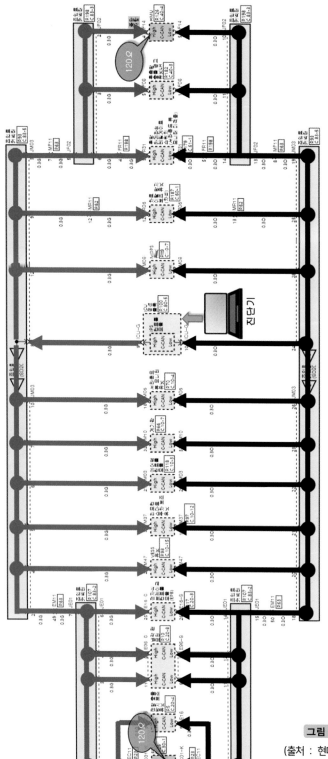

그림 27 수소전기자동차 D CAN 회로도 분석
(출처 : 현대자동차 넥소 회로도 SD 200-7, 2000-8).
F CAN 적용

3 F CAN 적용

F CAN은 아래와 같이 연료전지스택에서 만들어진 전력을 운용하는 ECU들간의 CAN통신선을 별도로 구성해놓은 것이다.

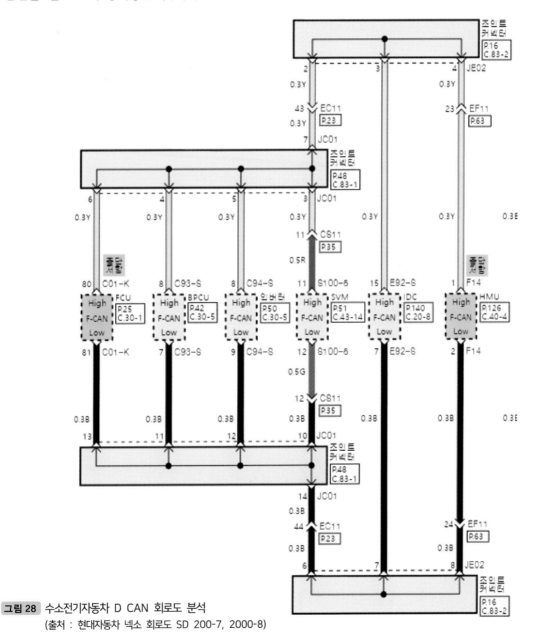

그림 28 수소전기자동차 D CAN 회로도 분석
(출처 : 현대자동차 넥소 회로도 SD 200-7, 2000-8)

아래의 그림과 같이 회로를 단순하게 정리 하였다. 관련 회로도상 진단기는 BPCU를 통해 F CAN으로 접근한다. FCU는 HMU(Hydrogen Management Unit)를 통해 수소탱크 내의 압력 및 온도 등의 정보를 전달받고 이를 통해 충전 시 연료이송압력, 수소탱크밸브 등을 제어한다.

HMU는 스스로 입수된 센서 정보를 CAN BUS에 올려놓고 FCU는 이를 받아들여 제어에 활용한다.

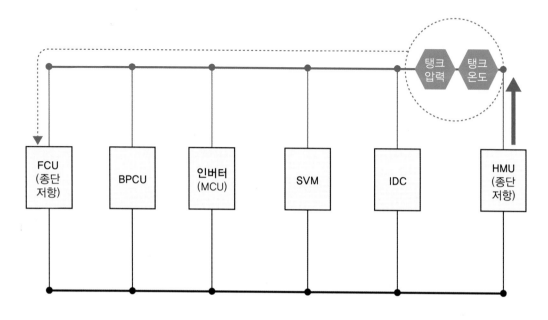

그림 29 F CAN 회로도 1

만일 그림과 같이 BPCU와 인버터 사이에 단선이 발생되면 FCU는 HMU로부터 필요한 정보를 얻을 수 없다. 이때 FCU는 일정시간 동안 데이터를 수신하지 못하면 'U132387 수소저장시스템제어기 F-CAN통신 이상' 고장 코드를 내부 메모리에 저장하고 진단기는 이를 확인할 수 있다.

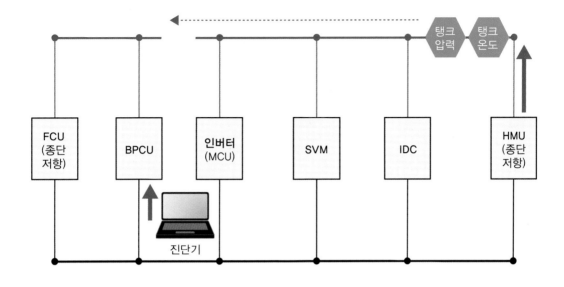

그림 30 F CAN 회로도 2

SVM(Stack Volt Monitor)을 통해 스택 내의 셀 전압을 측정하고 이를 모니터링해서 CAN BUS상에 정보를 올려놓으면 FCU는 이 정보를 받아들여 모터 구동 및 전력 운용에 기초 자료로 활용한다. SVM은 FCU로부터 정보를 주고받는다.

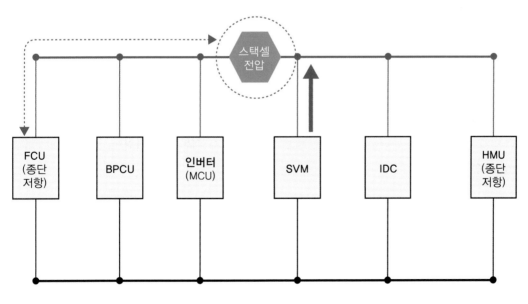

그림 31 F CAN 회로도 3

만일 그림과 같이 BPCU와 FCU사이에 단선이 발생되면 SVM은 FCU로부터 필요한 정보
를 얻을 수 없다. SVM은 FCU로부터 일정시간 동안 F-CAN을 통해 전송되는 CAN 메시지를
미수신할 경우 'U1326 F-CAN통신 이상'고장 코드를 내부 메모리에 저장하고 진단기는
이를 확인할 수 있다.

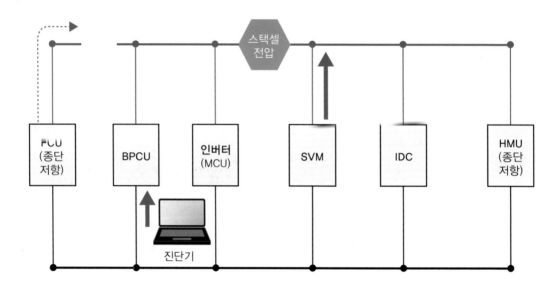

그림 32 F CAN 회로도 4

인버터(MCU; Motor Control Unit)는 직류를 교류로 전환하여 모터의 회전수를 제어하
는 역할을 한다. 따라서 인버터는 모터의 회전수 정보를 CAN BUS상에 올려놓으면 각 제어
기들은 이 신호를 수신해 제어 정보로 활용한다.

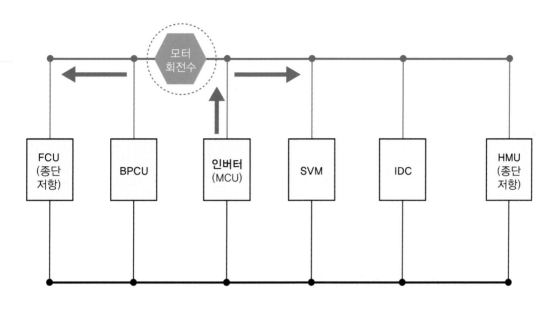

그림 33 F CAN 회로도 5

만일 그림과 같이 BPCU와 FCU사이에 단선이 발생되면 SVM은 FCU로부터 필요한 정보를 얻을 수 없다. SVM은 FCU로부터 일정시간 동안 F-CAN을 통해 전송되는 CAN 메시지를 미수신할 경우 'U1326 F-CAN통신 이상'고장 코드를 내부 메모리에 저장하고 진단기는 이를 확인할 수 있다.

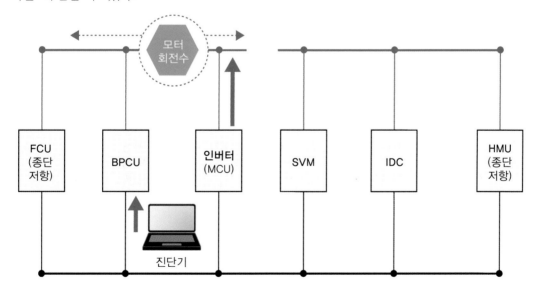

그림 34 F CAN 회로도 6

　IDC(Integrated DC/DC Converter)는 직류 전력을 입력받아 감압, 승압하여 배터리에 전송하거나 출력하는 장치이다. FCU는 스택의 전력생산 정보를 CAN BUS상에 올려놓으면 각 제어기들은 이 신호를 수신해 제어 정보로 활용하는데 IDC는 이 신호를 이용해 전력 변환을 하기 위한 기초 신호로 사용한다.

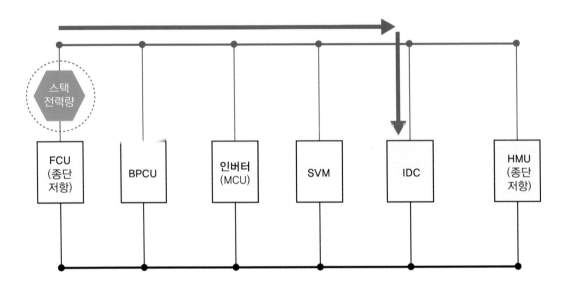

그림 35 F CAN 회로도 7

　만일 그림과 같이 IDC와 FCU사이에 단선이 발생되면 IDC는 FCU로부터 필요한 정보를 얻을 수 없다. IDC는 FCU로부터 일정시간 동안 F-CAN을 통해 전송되는 CAN 메시지를 미수신할 경우 'U0119 CAN통신 회로 – FCU 응답지연'고장 코드를 내부 메모리에 저장하고 진단기는 이를 확인할 수 있다.

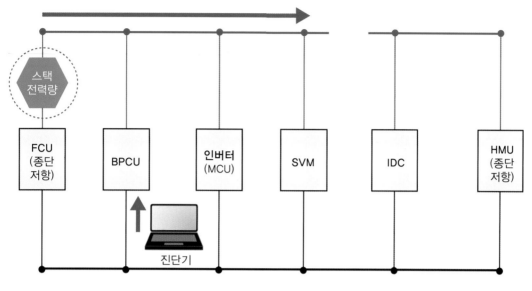

그림 36　F CAN 회로도 8

　　BPCU(Blower Pump Control Unit)는 스택에 공급되는 공기를 압축하는 모터의 속도를 제어한다. FCU는 스택의 상태를 모니터링하여 공기의 압축량을 결정하고 모터의 구동 명령을 CAN BUS상에 올려놓으면 BPCU 이를 받아 펌프를 구동한다.

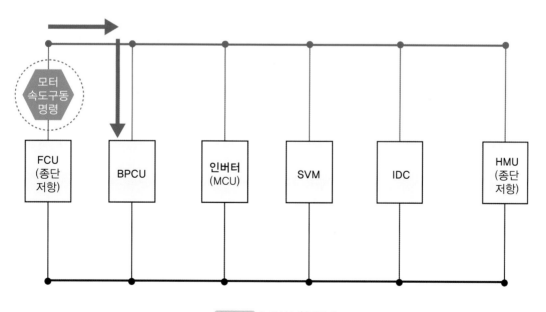

그림 37　F CAN 회로도 9

만일 그림과 같이 BPCU와 FCU 사이에 단선이 발생되면 BPCU는 FCU로부터 필요한 정보를 얻을 수 없다. BPCU는 FCU로부터 일정시간 동안 F-CAN을 통해 전송되는 CAN 메시지를 미수신할 경우 'U1342 통신 회로 – FCU 응답지연'고장 코드를 내부 메모리에 저장하고 진단기는 이를 확인할 수 있다.

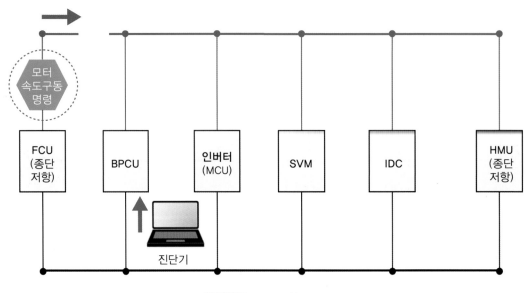

그림 38 F CAN 회로도 10

자동차산업 혁신하며 고용 충격도 줄이는 방법

경향신문

글로벌 자동차 업계의 전기자동차 생산 선언과 맞물려 인원감축이 유행처럼 번지고 있다. 미국, 중국, 유럽에선 일자리 4만개가 사라졌다. 기존 내연기관에서의 전환 준비를 위한 비용 마련과 줄어든 생산 공정을 내세우고 있으며, 그 방법으로 노동자의 일자리 감소를 선택했다.

자동차산업 혁신하며 고용 충격도 줄이는 방법

우리도 예외는 아니다. 제조인력의 40%를 줄여야 하고 더 나아가 100%까지 감축해야 한단다. 안타까운 것은 미래세대의 일자리 감소로 직결된다는 것이다. 지금의 노사 환경에서는 신규채용을 줄이고 자연감소 방식으로 대처할 가능성이 매우 높기 때문이다.

그렇다면 감원이 모든 것의 해결책인 것인가? 그 결과가 다수에게 이로운가? 전기자동차는 빠른 시간 안에 시장에 안착할 수 있는가? 해결 방법은 무엇인가?

최근 이에 대한 논쟁은 다양한 방면으로 진행되고 있으며, 사회적 부작용도 동시에 보이고 있다. 조립해야 할 부품이 적어 생산인력이 더는 필요 없다는 논리와 포화된 자동차시장의 추락하는 매출을 전기자동차 도입이라는 명목 하에 감원으로 만회한다는 시각이 있다.

환경규제 역시 현실성이 떨어진다. 디젤게이트가 대표적인데 상품성을 높이기 위해 강화된 환경규제를 눈속임한 결과물이다. 배출가스 저감에 대한 의문점도 크다. 현재의 전기공급 방식에서 이산화탄소의 배출은 피할 수 없고 최근 연구에선 오히려 더 많이 배출된다는 결과도 있다. 충전에 대한 불편도 크다. 내 앞에 대기자가 1명이라도 있으면 평균 1시간이 걸린다. 충전구를 통일하는 데도 막대한 시간과 비용이 든다. 소비자의 선택을 받을 수 있을 만큼의 편리함을 갖추려면 10년이 더 걸린다는 계산이 나온다.

수소전기자동차 충전소 역시 폭발에 대한 불안감으로 주민 협조가 어려워 건립에 난항을 겪고 있다. 결국 불편하고 친환경적이지 못한 기술은 소비자와 정부의 선택을 받지 못한다. 이는 산업의 붕괴로 이어지고 그 책임은 세금을 성실히 납부하는 국민이 짊어져야 한다.

그렇다면 최선의 방법은? 상생과 느린 변화다.

10년 전부터 전기자동차 등장에 따른 고용 문제를 연구한 독일 금속노조의 해결책은 공정하며 느린 전환이다. 필연적으로 변화를 받아들이되, 급격한 전환 대신 기존의 장치를 친환경적으로 개선하며 대비하자는 것이다.

무리한 전기자동차 확장보다는 시간을 두고 내연기관과의 상생을 통해 산업의 전환이 연착륙되어야만 기술발전과 더불어 고용의 충격을 줄일 수 있다는 것이다. 더불어 환경규제에 대한 범위도 사회적으로 수용할 수 있는 속도에서 재협의할 것을 정부에 건의하고 있다.

전기자동차의 이산화탄소 배출을 줄일 수 있는 기술개발의 필요한 시간과 노동자가 산업의 변화에 적응하면서 새로운 직무를 받아들일 수 있는 시간을 마련하자는 것이다. 또한 회사 측은 노조의 경영참여를 받아들이고 이를 실행하고 있다. 아시아에 비해 부족한 배터리 기술을 극복하기 위한 방안으로 제조사들 간의 공동출자를 제안했고 이에 회사는 실행했다. 단순히 현재의 일자리를 지키는 차원이 아니라 적극적으로 경영에 참여하여 긍정적인 결과를 만들었다. 정부는 오래전부터 노조 인력을 포함한 다양한 분야로 구성된 전기자동차 정책기구를 두어 일자리 및 교육에 대한 로드맵을 제시하고 있다.

이미 전기자동차라는 시대의 숙명은 피할 수 없다. 전환에 따르는 고통 역시 당연하다. 그러나 현재를 냉정하게 돌아보는 질문과 답을 찾아가는 과정에서 위기를 기회로 돌파해 나갈 수 있을 것이다.

REFERENCES

｜국내문헌｜

현대자동차 넥쏘 113kW(정비지침서, 전장회로도)

｜기타 자료｜

https://gsw.hyundai.com/hmc/index.tiles

■ 저자(Author)

김 용 현

(현) 한국폴리텍대학 자동차과 교수

내용문의 E-mail: noten12@naver.com

낭만 교수가 짚어주는 친환경차 이야기

수소연료전지자동차 [FCEV]

초판발행┃ 2022년 1월 10일
제1판2쇄발행┃ 2023년 1월 10일

지 은 이┃ 김 용 현
발 행 인┃ 김 길 현
발 행 처┃ ㈜ 골든벨
등　　록┃ 제 3−132호[87. 12. 11]　ⓒ 2022 Golden Bell
I S B N┃ 979-11-5806-550-8
가　　격┃ 20,000원

이 책을 만든 사람들

편 집 및 디 자 인 ┃ 조경미, 엄해정, 남동우	제 작 진 행 ┃ 최병석
웹 매 니 지 먼 트 ┃ 안재명, 서수진, 김경희	오 프 마 케 팅 ┃ 우병춘, 이대권, 이강연
공 급 관 리 ┃ 오민석, 정복순, 김봉식	회 계 관 리 ┃ 김경아

㉾04316 서울특별시 용산구 원효로 245[원효로1가 53-1] 골든벨 빌딩 5~6F
• TEL : 도서 주문 및 발송 02-713-4135 / 회계 경리 02-713-4137
　　　 내용 관련 문의 02-713-7452 / 해외 오퍼 및 광고 02-713-7453
• FAX : 02-718-5510　　• http : // www.gbbook.co.kr　• E-mail : 7134135@ naver.com

이 책에서 내용의 일부 또는 도해를 다음과 같은 행위자들이 사전 승인없이 인용할 경우에는
저작권법 제93조 「손해배상청구권」 의 적용을 받습니다.
　① 단순히 공부할 목적으로 부분 또는 전체를 복제하여 사용하는 학생 또는 복사업자
　② 공공기관 및 사설교육기관(학원, 인정직업학교), 단체 등에서 영리를 목적으로 복제·배포하는 대표,
　　 또는 당해 교육자
　③ 디스크 복사 및 기타 정보 재생 시스템을 이용하여 사용하는 자

※ 파본은 구입하신 서점에서 교환해 드립니다.